組織病態與危機處理

陳東陽　著

序　言

　　談到危機，有範圍大到令全民驚悚的，如 SARS 風暴、九二一大地震、土石橫流、九一一襲美恐怖活動，與南亞大海嘯等。也有侷限於校園一隅的，如學生自殺自殘、師生衝突事件等。另有一些雖具高危害性但却不容易令人警覺的，如生態環境漸受破壞、治安逐漸惡化、產業失調凋零等。上述各種不同層面及不同程度的危機，有來自大自然的天災事件，也有來自人為造成的意外禍害。

　　危機事件常會危害到個體的身家性命、錢財榮譽，以及組織群體的發展與存亡。因此，如何預防危機的發生？如何面對危機事件？如何處理危機事件？是各個權責單位責無旁貸的首一要務。身為組織幹部就該學習如何認知危機、預防危機、面對危機、處理危機。

　　筆者任職公務部門幾達三十年，不乏參與危機處理事宜。且自民國七十二年起持續在政治大學、警察大學、台北市立師範學院、警察專科學校等兼授相關課程，特就個人親身經歷與研究所得、參酌他人研究文獻，撰寫本著作，希望藉由理論與實務的相互印證，提出理性的批判與建設性的論點，提供讀者寶貴的參考資料。

　　從危機事件的實際案例中觀察，不難發現組織病態與危機處理互為表裡，兩相交互、因果相循。多數危機事件

1

組織病態與危機處理

係因組織病態所引發，而組織病態又常造成危機處理作為上的阻力，以及危機事件常令已呈病態的組織更形惡化，直到嚥下最後一口氣。為能適切診斷組織病態，以求精進危機處理作為，筆者將寫作的取向與內容，界定在「組織病態」與「危機處理」兩個面向。

先從「鉅觀系統向度」觀察，組織運作的良窳，深受大環境系統的影響，必須充分掌握社會脈動的訊息，機先因應調適運作的步伐，才能避免遭受社會的淘汰。次就「組織運作向度」以觀，政策計劃作為、權變管理策略、公共關係的運作、成員的激勵認同等，無不關係著組織的生存與發展；再就「微觀成員向度」觀察，如組織成員個人的情緒障礙、行為舉止是否偏差、生命財產安全有無保障等，也都可能成為組織病態的肇因。因此，本書在第一章即以系統理論來探討組織的運作及病態的成因，第二章探討危機處理作為的基本思維及要領，第三章至第六章探討組織整體運作的相關策略作為，第七章至第九章則探討組織成員個體病態的現況及因應作為，第十章就危機處理實務上所見的部分迷思，或美其名為「巧門」加以論述。

筆者雖已盡力，但仍受限於時間，加上才思不敏，疏漏難免，尚祈先進賢達不吝指正。

陳東陽序於危機年代　2005/06/15

目　錄

組織病態與危機處理

第一章　組織系統病態

　　正當 SARS（Severe Acute Respiratory Syndrome，嚴重急性呼吸道症候群）全球肆虐，國內苦於應付之同時，有人以「假若台北市和平醫院處理得當，何來台灣南部疫情？」「要非與大陸交流，何來台灣疫情？」為 SARS 疫情處理不當找了下台階。設若台灣不與大陸有所交往，在「地球村」已然成形的今日，難保疫情不從第三地傳播來台，那究更何言台北與高雄之分。個人無法離群索居，各個系統也無法劃地自限，從系統理論觀點，各系統間交互影響，封島鎖國策略不可行，因此一個大有為的政府，在意的應非疫情從何而來，而是當疫情存在時，能即早預防使不致於蔓延至本地，或能有效妥以處理治療，不使之擴展。

　　系統之於個人的影響亦復如此，正常優質的環境系統有利於個人人格成長、生涯發展、個人抱負、事業成就、自我實現等的順遂發展。我們所熟知的，原本在避風地方可以長成「高大喬木」的玉山圓柏，到了迎風地區卻成了「低矮灌木」，以及俗話說「蓬生麻中不扶自直」與「橘逾淮則為枳」等，都說明了這層道理（參閱附錄一）。

　　組織系統間之交互影響，以及組織系統對於個體的影響，已如上述。而從實際案例中觀察，不難發現組織病態與危機處理互為表裡，兩相交互、因果相循。多數危機事

件係因組織病態所引發，而組織病態又常造成危機處理作為上的阻力，以及危機事件常令已呈病態的組織更形惡化，直到嚥下最後一口氣。因此，本章在第一節，先舉出實際案例，瞭解大環境系統對教育系統或其他次級系統，甚至包括各系統成員直接或間接、正向或負向的影響。在第二節中，分別從「傳統組織理論」、「行為學派組織理論」、「社會系統組織理論」、「混沌理論」等學理層面來探討組織系統意涵與特性，從而瞭解不同的組織理論對於組織病態及危機的處理，分別給予不同的診斷和處方。在第三節中，探討組織系統的運作，分別以「和諧理論」與「衝突理論」兩相對立的觀點，來加以闡釋，並探討組織衝突的解決策略作為。在第四節中，分別從家庭系統、社區系統、社會價值觀系統、傳媒系統，甚至包含語言系統、知識系統等十二次級系統的特性，及其等對學校教育的影響，逐一加以探究。在第五節中，分別從「組織結構及運作層面」、「組織成員份子層面」兩個面向，探討組織系統的通病。從組織結構及運作層面來看，舉凡計畫作業的失當、官僚作為、成員間的疏離脫序、公關處理的不當等都是組織常見的病態。若從組織成員份子層面來看，舉凡成員的情緒障礙、偏差行為、犯罪侵權或受害等亦是組織病態的表徵，往後各章將逐一論述，以期充分瞭解該等組織病態與組織危機的關聯性及預防之策略作為。

第一節　案例舉隅

案例一：

　　國小營養午餐方便了就學學童且經濟實惠，每餐約需新台幣五十元左右，但當經濟日趨不景氣，失業人口節節攀升，付不起註冊費、學雜費、營養午餐費、書籍簿本費的學生卻日漸增多，尤以較偏遠、經濟較弱勢的鄉鎮為甚。慈仁慈善會於九十二學年度資助清寒學童的營養午餐，就屏東地區而言，即有育英國小 6 名、公館國小 33 名、東寧國小 27 名、竹田國小 20 名、西勢國小 19 名等。慈仁慈善會致力於培育新一代，更期望他們未來也有能力自助助人，把布施的精神傳承下去。

案例二：

　　據報載：正當 2004 年總統大選和公民投票如火如荼展開之際，各校園間也吹起一陣學生當家作主的選舉風，台北市立雙園國小五年級舉辦不具政治味，但有培養學生民主素養的「才子佳人」選拔。台北市立中正高中一連三天由全校學生分年級、分班級採舉手方式，由學生自主決定上衣紮不紮入褲、裙內，及接不接受新款的制服。國立師大附中學生會服裝委員會決議，從九十三學年度起，女生制服外套太厚重，將予以廢除，一律改穿較輕受歡迎的運動服外套；男女生上衣下襬一律可以外放，不須紮進褲、裙裏面，男生上衣下襬有開叉、女生上衣維持現狀。

9

案例三：

　　據報載：2004 年總統大選太激情，台灣不少家庭及職場分別跟著鬧政治風暴！國小二年級學生針對「選賢與能」的作文題目，寫到「希望總統候選人全部死光光，因為選舉害阿嬤凶凶，媽媽哭哭，爸爸愈來愈晚回家，我最討厭選舉了，政治人物全部去死最好。」

　　另據報載：台灣大學數學系王姓學生，因不滿資工系李姓教授於所開的「計算機程式設計」下課休息時間，展示一篇自稱是奇美醫院工作人員所寫的文章給上課同學們看，並有暗示性的談話，致向校方控告「教育不中立」。台大教務長陳泰然對此事表示，由於此事件發生的時間是在教授宣布的「下課」時間，所以校方不宜干涉。

案例四：

　　1980 年代隨著政府南向政策，台商前往東南亞各國設廠經商，開啟了跨國通婚的大門，但一直到 1994 年才有官方統計資料。另據衛生署新生兒通報資料顯示，2002 年全國有 8%嬰兒是外籍配偶所生的混血兒。這些跨國婚姻的媽媽如何在家庭與婚姻適應、文化認同中，與學校教師溝通？陪伴孩子學習？政府稍不用心將造成這群「新台灣之子」處於學習弱勢。

心得分享：

　　綜覽上述案例，得知大環境系統對各次級系統都有直接或間接的影響，校園亦不例外，以 2004 年總統

大選之例來看，連國小二年級生都無以倖免，深受選舉惡劣風氣所苦。師生關係滲雜了選舉話題，在原本平淡和諧的氛圍中增添了幾許詭譎、波湧的氣息。可見系統間或系統內成員間的互動並非和諧一致，而是各有見解，甚或南轅北轍。樂觀點看，或許各抒己見，免得淪為一言堂；但不容諱言的，如不妥慎處理，相互間的衝擊極易衍生組織危機風暴。案例中所顯示的也非盡然是負面的影響，選風影響所及，校園也群起效尤，以公投方式充分表達個人在服飾裝扮上的意見，一改往昔或壓抑己見或任憑宰制的一群，這不正是為培育下一代民主素養的教育功能嗎？

第二節　系統意涵與特性

組織病態可能來自組織本身，即所謂物腐而後蟲生，也可能來自外在系統所帶來的衝擊。不同的組織理論將給予不同的診斷和處方。傳統組織理論著重在組織本身的靜態結構，而不涉及組織外在的其他系統的探討。質言之，該理論講究組織的結構化，強調組織機能分工的專業化，著重組織內各單位間功能區分，但對各單位間的相互關係及組織統合，並未給予特別的重視，換言之，傳統組織理論只注意到組織的機械活動而已，因此面對組織危機的處理亦採分工明確化，但顯然缺乏機動應變的功能。

行為學派的組織理論認為傳統組織理論只講究組織靜態結構，忽視了組織運作的動態層面。為彌補傳統組織理

論的缺失，行為學派強調組織的人性面，將組織成員的動機、士氣、慾望等注入了機械的傳統理論中，不過仍無法提供一套整合、有系統的危機處理模式。

　　社會系統組織理論試圖分析組織與其他組織間的交互作用，亦即強調組織危機的發生，必然受到大環境系統及其他次級系統的交互影響，因此，社會系統組織理論代表著一種解決龐大而複雜問題的方法，亦即針對危機的管理，必需以系統的觀點來研究解決之道，而非僅侷限於自身的組織結構中或其組織成員間而已。

　　系統理論除了強調外在的各系統間的交互作用外，即系統內的次級文化、核心團體等因素，也在在影響系統的運作。有關組織文化的建構面包括組織成員的專業權限、容忍組織成員創新風險程度、成員對組織認同程度、內部控管整合程度、酬償制度、溝通型態、組織儀式典範等（Robbins，1989）。秦夢群（民 80）分別就封閉理論與開放理論基本思維的不同，提出各該論點在假設上的八項差異如下表所示。

封閉理論與開放理論在假設上的不同

封閉理論	開放理論
1.注重團體的目標與「應該」要完成的任務。	1.注重環境的限制與「可以」完成的任務。
2.組織的特徵是層層向下的官僚體制與各有所司的職位。	2.組織的特徵是內部各次級系統間的互動,與外部體系間的折衝。
3.各種行動都需要有設定的正式目標,並以之為執行準則	3.各種行動的導向應由環境的需求來決定,不死訂標準。
4.只有一種最佳方式來達到最大效率。	4.有一種以上的方式來達到滿意度與效率。
5.靜態的關係。	5.動態的關係。
6.主管對所處團體有絕對之責任。	6.主管因環境變數的限制,所以不能責任一肩挑。
7.所有活動都在團體的封閉系統中執行運作。	7.團體藉由「輸入－輸出」的過程來與環境交會,並取得平衡
8.溝通的管道已被設定,並侷限於內部系統中。	8.溝通的管道不但存在於各次級系統中,也存在於內部系統與外部環境間。

　　若以實際事例加以佐證,其意涵將更明晰,如第一項所謂的組織任務,以職業學校預訂招生人數而言,從開放理論的觀點來看,將受學生來源總數、學生就業市場、政府教育政策、經濟景氣等各環境系統因素的影響,而無法像封閉理論之觀點而取決於單一學校負責人的意志。開放

組織病態與危機處理

系統理論強調組織生存與發展之關鍵，端視組織是否具備迅速有效適應環境變動的能力。一個具備高度發展與革新的組織，應該是外部導向亟求適應大環境的開放系統。

再從各系統交互影響的關係來看，是否有一可循的固定模式？是否為一有序的循環週期？可否事先加以預期？就系統理論的觀點而言，持肯定的立論。然而俗謂「世事多變」，確係所言不虛。因此較近倡行的「混沌理論」，持相反的見解，認為系統間的交互影響，並非樣樣都為可預期或掌握的線性及慣性關係，而係呈現高度非線性（nonlinearity）、不確定性（uncertainty）、隨機性（randomness）的失衡關係。混沌理論涵蓋了耗散結構、蝴蝶效應、奇特吸引子、回饋機能等四項主要概念。所謂「耗散結構」，強調任何系統皆為一有機體，具備了生存、發展、崩解或重生的多重機能，而上述各項機能的運作又與外在系統息息相關，亦即可能受到外在系統的衝擊致耗散穩定的結構能量，但如能從外在其他系統吸起一定的能量，則得以因而重生，甚或比原來的組織還更為茁壯。所謂「蝴蝶效應」，強調系統中任何一項不起眼的細微事件，都有可能發展成影響系統生死存亡的關鍵性事件。九十三年八月底，台北捷運的封水牆少了三處鋼筋，致在艾利颱風侵襲下，因不堪洪水壓力而倒塌，造成三重市的嚴重水患，初估財物損失超過二十億元。Gleick（1987）曾言「巴西之蝴蝶展翅，德州就可能颳颶風」（a butterfly flaps its wings in Brazil the result may be a tornado in Texas）對詭譎多變的相關因素的交互激盪作用下了極佳的

註解。所謂「奇特吸引子」，強調系統中存有難以捉摸的關鍵性因子，其走向會牽引組織系統的發展趨勢。所謂「回饋機能」，強調系統所發生過的任何一事一物，都會回饋到系統本身，作為影響組織生存、發展、崩解或重生的重要因子。

第三節　系統運作與衝突

　　各次級系統間既然往來頻繁且交互影響，則相互的作用究係相互的協助或是敵對，對組織系統的發展或危機的產生莫不息息相關，而就此一論點，有和諧理論與衝突理論兩相對立的看法。倘若系統間的運作或組織成員間的相處，一如和諧理論的論點，在價值取向能有一致和諧的共識，且能發揮互補功能，則有利於組織的發展與變革；否則，雙方處於對立敵對、不和諧狀態，則黑函滿天飛，或明目張膽相互攻擊，將促使組織危機四伏。帕森思（T. Parsons）、華勒（W. Waller）等學者即分別以和諧理論及衝突理論來詮釋教育系統的運作現況。

　　Parsons,T.（1959）認為教育發揮「社會化」與「選擇」的功能。社會化功能在使個人接受他所處社會中所遵從的價值、信念與理想、認知與情感。選擇的功能在於根據社會職業結構，因學生性向、人格特質，使其接受適當與適度的教育，導入到成人社會中，有效地參與生產與服務。換言之，教育系統善盡了整體社會一分子的義務，教育部門採用韋伯（Max Weber）的「科層理論」，實施職

位分類、專業分工，講究階層分明、層級節制，力行依法行事、不循私，強調用人唯才、保障任期、依年資或貢獻升遷，建立書面檔案、流程標準化等。若從和諧理論的觀點來看，教育系統除已扮演好社會各部門（結構）功能之發揮，有利於維持社會均衡和諧發展的角色外，並充分發揮「整合」── 與社會各部門間相互依賴，彼此協調，且具有互補關係；「穩定」── 協助社會維持「穩定」而非「震盪」的發展；「共識」── 力倡社會各部門間之知覺、情感、價值、信念等要建立共識，以求和諧一致的三大功能。

但不容諱言的，衝突理論學派的觀點卻與上述諸多立論迥然有異，華勒（W.Waller）分析師生關係時，強調它是一種制度化的「支配－從屬」關係。亦即師生關係是對立、衝突、強制與不平等的。Bowles,S. & Gintis,H.（1977）提出社會再製理論，認為上階層社會利用教育制度做為剝削工具，但反過來卻又拿其來做為階級不平等之合理化藉口。換言之，衝突理論學派主張「對立與衝突」，認為社會各部門因目標、地位不一致，各部門為爭取「優勢地位」與「豐碩利益」，常存在永無休止之傾軋鬥爭；其次為強調「變遷」，認為團體間由於利益衝突、及不斷的相互鬥爭，導致社會變動不居；其三為主張「強制」，認為在鬥爭與變遷的過程中，任何一個團體如取得優勢地位，必然採取強制的手段，迫使其他團體與之合作，而暫時維持社會的穩定與秩序。

組織系統間衝突形成的過程計可區分為四個階段，其一為「潛在對立階段」，當組織結構不良、溝通不良、個

人偏見等會形成潛在對立的情境。其二為「認知及介入階段」，在潛在對立情境存在的前提下，當事人情緒介入後，即會認知（感受）焦慮、挫折，衝突於焉形成。其三為「行為反應階段」，由認知之心理狀態轉為實際對外行為反應，包括由間接到直接，由緩和到激烈等作法，以阻礙對方達成目標及防止其利益擴張之行為。其四為「行為結果階段」，從正面效果來看，可提供自我檢討、紓解緊張情緒、改進雙方關係、提升群體績效。另也可能產生負面效果，如引發挫折感、破壞團體和諧、降低群體績效。

　　組織系統面對衝突情境，必需有效加以管理，個案也必需冷靜因應，盡可能從衝突事件中擷取正面的功能，至少也應減少因衝突帶來的傷害。就系統的管理層面而言，可從結構性管理及人際性管理兩個面向著手。所謂「結構性管理」，係指藉由組織結構的重建來隔離衝突的主體。而所謂「人際性管理」，即藉由說服、協議、或由第三者居中協商等，以降低雙方對立的狀態。而發生衝突的雙方，從「堅持己見」或「順應對方」兩個極端取向，共可架構出五種不同的因應作為。其一為「競爭取向」，極端的堅持己見，毫無妥協餘地，並運用有力的資源，非鬥到你死我活的地步不可；其二為「妥協取向」，雙方各有退讓，少輸為贏避免兩敗俱傷；其三為「退避取向」，採取消極離開角色衝突情境的作法，以降低角色衝突的困擾，如申請退休離開教職工作，避免因家長無理取鬧所產生的挫折感；其四為「統合取向」，雙方能坦誠面對爭議點，相互接受對方的看法和意見，共同認真思考解決問題的策

略;其五為「順應取向」,即順應對方的意見,滿足對方的需求。

第四節　學校環境系統特性

　　往常教育組織或學校總給人有外在環境及內部成員單純、穩定性高,外擾因素少的印象,但時過境遷,社會環境的多元化,促使學生及家長自我意識相對提高。生活環境的惡化,學生容易感染惡習致行為偏差。民意代表只問民意不管是非而常有過度的關心,甚或無理的關說和取鬧。媒體過度開放,除增加對學校的監督和批判外,也常因疏予查證而對學校和當事師生造成傷害。再加上學校行政三權(家長會、教師會、教評會)的推動,使學校行政運作、教學專業的推動相對的產生部分阻力。林清江(民75)以客觀事實及主觀價值判斷兩項面向,將學校環境系統區分為規範環境與結構環境。規範環境係指社區組成分子如家長、民意代表、社區人士、政府官員等所持的態度及價值觀。結構環境則指實際的社會現象,如出生率、就業機會、宗教差異、種族差異等。林清江(民 75)進一步指出教育系統與其他社會系統的關係,概為相互適應的關係、相互改變的關係及相互依存的關係等三種。至有關學校處理環境系統之方式,林生傳(民 75)認為不外消極接受、討價還價、互利共生、拒絕與競爭等四種。

　　檢視各環境系統中對學校危機事件的形成與處理之影響,較為顯著者,計有家庭系統、社區系統、社會價值觀

系統、傳媒系統、政治系統、法律系統、科技系統、治安
維護系統、經濟系統、語言系統、知識系統、生態環境系
統等，分述如下：

一、家庭系統：在家庭系統因素方面，可從家庭系統結構
　　與家庭功能兩個向度來加以探討。在家庭結構方面，
　　如犯罪家庭、單親家庭、異國婚姻家庭、隔代教養家
　　庭（祖父母的生理狀況、溝通方式、價值觀念、親職
　　能力等相對弱勢）等在家庭基本結構上可能不利於學
　　習行為；在家庭功能方面，如親子關係疏淡、父母管
　　教子女態度不一、過度溺愛子女等不能彰顯家庭應有
　　的功能，亦將影響學生身心發展。

　　　　在教學實務上，發現許多青少年問題，確實導因
　　於家庭教育功能不彰。Olson（1993）以「家庭凝聚
　　性」、「家庭應變彈性」兩種向度，架構出家庭系統
　　環繞模式（circumflex model of family system）。其中
　　家庭凝聚性變項再細分為「疏離」、「分離」、「連
　　結」、「黏絆」等四小項。家庭應變彈性變項再細分
　　為「渾沌」、「彈性」、「結構」、「僵化」等四小
　　項。八種變項架構出十六組家庭型態，包括「彈性、
　　分離」、「彈性、連結」、「結構、分離」、「結
　　構、連結」，以上四類合稱為「平衡型家庭」，家庭
　　成員間具有獨立性，又不失相互間的親情連結，且家
　　中明確性的規則多於隱藏性的規則，成員易於遵守，
　　又可透過良好的協商，分享彼此的意見，「平衡型家
　　庭」為較具功能的家庭型態。另「渾沌、分離」、

「渾沌、連結」、「彈性、疏離」、「彈性、黏絆」、「結構、疏離」、「結構、黏絆」、「僵化、分離」、「僵化、連結」，以上八類合稱為「中距型家庭」。另「渾沌、疏離」、「渾沌、黏絆」、「僵化、疏離」、「僵化、黏絆」等四類合稱為「非平衡型家庭」。

　　當家庭功能不彰，假如學校當局又未能予以正視，並有效加以防處青少年問題，則將無法化解該等危機，而其嚴重性必然有逐次擴大的趨勢。

二、社區系統：學區環境系統的差異，如城鄉差距、家居生活結構、家庭經濟能力等都將影響學校教學運作。依據台北市政府民政局九十二年六月間的統計，因SARS疫情致居家隔離者共三萬多人，其中萬華區就占了四成，為解決萬華區公共衛生問題，市府希望加速推動該區更新與再造工程。

　　社區的社會階級結構對學校教育也扮演著不可輕視的角色，新竹市賈美娟老師轉據另位老師表示，某一國中學區，班上的家長大都以經營檳榔攤和特種行業，致有三分之一為單親家庭，班上有位女生總愛穿著黑色花邊內衣，在白制服下，一覽無遺，而且舉止輕佻。後來見到她母親，裝扮就是那模樣！

　　社區人口結構問題也將直接衝擊教育作為，教育部九十三年二月間在「學齡人口減少對國民教育的影響及因應對策研討會」上，針對台灣社會正面臨「少子化」、「異質化」的挑戰，已有充分的認知。據教育部推估，九十三學年度小一新生約廿八萬四千餘

人，創五十年來新低紀錄；到九十八學年度，國小入學新生將只剩下廿三萬四千餘人。且台灣的跨國婚姻自一九九〇年以後逐年增加，其中以外籍女性配偶激增最受關注。教育部長黃榮村進一步指出，外籍配偶子女學齡人數目前雖然還不及總數的廿分之一，但六、七年後，會激增為八分之一，對國內教育帶來新挑戰。因為這些跨國婚姻的媽媽倘若不諳中文，將如何陪伴孩子學習？又將如何與學校教師溝通？以致造成這群「新台灣之子」處於學習弱勢。

其他如鄉村人口外移、社區的行政型態（政黨政治色彩影響教學）、社區的勞動市場、社區的組成結構（如電玩、色情行業充斥）、社區組成分子的價值觀及對教育所持的態度、社區的經濟結構（各大學附近的房租高漲，對學生負擔的影響）、社區的社經地位（城鄉差距影響國中生的閱讀程度，居住在大都會的學生，比較有機會接觸到大書店與各式文化活動，閱讀課外書籍的深度與廣度與鄉鎮學生有顯著差異）等都直接或間接影響到學校教學的運作和品質。

三、社會價值觀系統：價值觀為個人行為舉止所遵循且較恆久的信念，價值觀的薰陶是學校教育社會化的重要功能之一，惟時下部分社會價值觀帶來的禍害遠多於正面的教化功能，如社會普遍彌漫「笑貧不笑娼」的錯誤價值觀，容易引誘初入職場的新鮮人墮入特種行業，看多了出手闊綽的大爺和少奶奶，養成了浮誇的習氣，動輒花一個月的薪水買一個名牌皮包，足蹬摩

登名鞋,然而好景不常,漸漸感覺生活空虛,失去人生的目標,而變成「夜夜拉琴的小提琴手」(割腕自殘)。再如「俗氣當創意」,某校校長裝扮得不男不女大跳鋼管舞,某校畢業紀念冊中以自己同學反串北市兩所女校學生並有不雅舉動;另如「財產權重於道德觀」,導致人際關係疏淡、道德規範淪喪、黑槍毒品走私猖獗及奢靡浪費之社會風氣盛行。

　　台北市仁愛醫院爆發受虐兒童不當轉診案,引起全民公憤,但羊憶蓉從更深一層價值體系予以批判,以林致男的「老師」是「我們」為題,撰文指出「……草莓族世代是上一代成年人教育出來的成品。某種程度上,從過度保護的父母,到示範著推卸責任而毫無羞恥感的政客,每個對制度的公平性被破壞感到無所謂、但求自己沾到一點便宜的人,都是參與製造社會『不負責任』」特質的幫兇,也都是形塑了草莓族世代價值觀的『老師』。……今天議員把張珩(衛生局長)罵到抬不起頭,但許多民代不就是平日橫行特權、髒手可能伸進藥品採購黑洞嗎?……超過半數在要不到病床時動腦筋「走後門」的民眾,曾關心過病床分配制度的公平性是如何被破壞的嗎?醫生賺大錢的社會形象甚至變成一種『期許』,不是連續劇編劇和描述『新奢華主義』無限嚮往的人所共同製造出來的嗎?」上述所節錄之見解,可說句句針砭不當價值觀所帶給整體社會民眾慘痛代價的痛處,並嘆喟其無遠弗屆之教育影響力。

四、傳媒系統：部分傳媒為了業績，蓄意誇大渲染，甚至
　　對犯罪手法過於詳實的描述，將使不良分子或意志不
　　堅者，產生犯罪動機，或提高其作案手法。另傳媒稍
　　有不慎亦容易扭曲社會價值、造成人心浮動，影響社
　　會的安定。如以白案為例，陳進興逃亡期間，數度利
　　用投書媒體塑造其反體制、反權貴之悲劇英雄形象；
　　挾持南非武官家人時，更不忘藉由電台電話之訪問，
　　塑造其為家人受迫害而勇於挺身捍衛之英雄假像，致
　　一度造成是非顛倒、混淆視聽的扭曲效果。再如九十
　　一年十月初爆發的內閣大臣涂醒哲舔耳奇案，媒體大
　　發嗜血偏好。嗣該案獲得澄清後，台灣教授協會於十
　　月二十日發表專案報告，指稱舔耳案為台灣報禁解除
　　後最大的一樁「新聞烏龍案」，不僅使台灣新聞媒體
　　的公信力遭受空前的衝擊，也使得媒體「守門人」的
　　功能喪失殆盡。該協會成員尤英夫教授指出，就該案
　　而言，新聞媒體犯下四大錯誤，其一為守門人功能全
　　面失控，其二為記者與政治人物聯合炒作新聞，其三
　　為偏見與意識型態取代新聞專業，其四為事後媒體又
　　缺乏反省。

　　　　其實早在九月一日記者節當天，由人間福報、佛
　　光衛視、國際佛光會發起承辦的「媒體環保日、身心
　　零污染」系列活動，廣邀各主要媒體代表誓師，宣誓
　　媒體淨化，堅守「不色情、不暴力、不扭曲」三不作
　　為。台灣新聞記者協會會長石靜文先生也於同日在聯
　　合晚報論壇上發表「專業、權益、再學習」專文指

出，一九八八年報禁解除以來，傳播業者雖擁有最多的資訊通路，部分媒體卻向國內外提供最差的內容，包括新聞及節目熱鬧聳動，媒體自由而幾乎百無禁忌，真相往往不得明白，品味格調江河日下，以致媒體炒作新聞在民調中被指為台灣面臨的危機之一。國語日報在十月九日「日日談」專欄中也劊切指出，媒體本身的自我放任與無限膨脹，是台灣八卦滿天飛的主因之一。涂案的轉折如果不能給嗜血的媒體教訓，則八卦消息必定繼續蔓衍。終有一天，所有讀者觀眾不再相信這些媒體報導的任何消息。

五、政治系統：政治特權介入學校的運作；黑金大量介入選舉，腐蝕民主法治根基（八十七年元月二十二日中國時報第三版方塊文章評論：從民主政治理論看，基層民主不應廢。但看看現實醜陋至此，綁架與黑槍齊出，子彈與銀彈同飛，能不中止鄉鎮市長選舉？），部分國會、地方議會暴力問政，給民眾不良的暴力示範；另有部分黑道人士從政，藉其民意代表身分，保護其不法活動，介入政府公共工程圍標、關說。政治上的用語也深深發揮其影響力，有位家長要求孩子考試快到了，趕快準備功課，不要一直打電動，孩子卻回她一句「媽，你不要唱衰我了」而感痛心。

政策的變動不居造成公教人員對退休制度懷有高度的不確定感，致形成一波波退休潮，台北市政府教育局於九十二年六月間統計，發現全市各級學校兩萬七千多位教職員年紀年年下降，平均為三十九點九九

歲。原本教師行業被認為折舊最低，但近年來教師過度的年輕化，將衝擊校園生態，其帶來的利弊得失，教育主管機關恐非即早因應不可。

　　台灣地區原住民的教育資源較為缺乏、教育機會較欠平等，為一公認的事實，而究其根源，多數學者認為導因於政治因素。概因政治參與制度的不公平導致原住民參政機會的不平等，以致影響到相關的教育制度的策訂、教育資源的分配等。

六、法律系統：立法不當、執法不公，在在提供負面的教育示範，尤其在特權陰影籠罩下，普羅大眾寧願相信有所謂選擇性辦案，審檢機關為政治服務，致司法威信蕩然。另傳媒大幅報導警察機關協助立法委員處理交通案件，經瞭解該等案件絕大多數都是勾銷違規罰單，果如此，真不知相關的立委諸公恣意破壞法正義，如何向公道交待？警政相關首長因畏懼權勢無法堅守法秩序，不知顏面何在？執法不嚴、法律功能不彰，難以發揮嚇阻、教化、輔導之正向功能，而其形成之歪風對下一代教育的薰染不言可喻。

七、科技系統：隨著科技之日新月異，各項科技產物除正向功能外，也可能有負面效應，如 1918 年流行性感冒經一整年時間漫佈全球，死亡五千萬人，但 2003 年 SARS 疫情經兩星期時間即傳佈全球；又如資訊及通訊的便利及隱密性，可能造成青少年部分問題（無法選擇正確的資訊、網路援交），再如資訊、通訊器材、武器、交通工具經常被歹徒使用，嚴重影響社會治安。

　　傳統式的教學完全倚賴師生間的互動，為人師表者除了言教外，身教至為重要，亦即潛在課程的境教為整體教育中重要的一環，但在科技昌明的系統環境下，遠距教學、資訊傳輸等逐漸取代了師生面對面的互動，形成「非人際關係的教學時代」的來臨。

　　資訊操作的便利與弗遠無屆，致「線上遊戲」、「聊天室」成為學生最愛的天堂，究其原因之一在於學生從事角色扮演過程中，嚐到主宰一切的滋味。想禁卻禁不了，若能適度參與並予以輔導，將有助於了解學生的想法，至少能事先獲得一些訊息，即早遏止學生不法行為。

八、治安維護系統：職司治安維護之各級政府組織系統成員之優劣（如警察人員素質、工作動機）、績效之良窳（警察勤務運作與績效），與警察的角色等都直接影響到社會治安狀況。曾任職警界，時任暨南大學社會政策與社會工作學系助理教授王珮玲，於九十四年四月十二日在中國時報言論廣場以「警察，你的宿命是弱者？」為題指出，「警察是帶槍的執法者，理應是一個強者的行業，但事實上，警察是相對的弱者，也是絕對的弱者。警察的弱，出在它一直是執政者的工具、是政客用來鞏固政權的工具、是專業不受到尊重的工具。」果係如此，那我們又將如何能期望警察為治安負起責任？

　　社會治安的好壞，影響國家經濟發展、社會安定、民眾生活品質至深且巨，行政院八十八年行政首

要重點即在「改善社會治安」，其次再分別為「賡續發展經濟」與「提升全民生活品質」。然而社會治安的敗壞一直是民眾揮之不去的夢魘，八十五年五月間立委彭紹瑾遭歹徒埋伏追殺，同年八月間立委廖學廣遭綁架，繼之八十五年底接續發生桃園劉邦友縣長官邸血案、高雄地區民進黨婦女部主任彭婉如女士失蹤遇害案，迨至八十六年四月十四日名歌星之女白曉燕命案發生後，舉國民眾紛紛對政府維護治安不力表示不滿，致有「五〇四」、「五一八」、「五廿四」等近十多萬人憤而走上街頭。九十四年間接連發生張錫銘綁架勒贖鉅款，警方卻束手無策，及汐止分局轄區發生殺警奪槍等重大刑案之後，民眾對警察維護治安及破獲重大刑案的能力都產生懷疑。聯合報民意調查發現，高達八成二民眾認為治安差，並對政府拚治安缺乏信心。此一數字僅次於民國八十六年白曉燕案發生後達到八成七的最高點。

　　而治安環境未能淨化，也嚴重惡化青少年生活空間，其中最為顯著的包括：毒品氾濫，眾多青少年學子深受毒害；青少年學子沉迷網咖，流連忘返荒廢學業；幫派橫行有恃無恐，且為吸收新血，滲入校園拉走不少青少年學子，使成為「大哥」的跟班，吃吃喝喝、打架鬥狠、販毒、吸毒樣樣都來。

九、經濟系統：近年來由於經濟景氣持續低迷，而學雜費卻日益調高，致使學生助學貸款人數比率，從八十八學年度的百分之十一至九十一學年度提升到百分之二

十七，如此高比率的助學貸款人數所隱含的現象不容
忽視（八十八學年度，高中校院以上申貸人數 231445
人，占高中校院以上就讀人數 2076156 人的百分之十
一；八十九學年度，高中校院以上申貸人數 339291
人，占高中校院以上就讀人數 2158757 人的百分之十
六；九十學年度，高中校院以上申貸人數 504422 人，占
高中校院以上就讀人數 2246559 人的百分之二十二；九
十一學年度，高中校院以上申貸人數 583995 人，占高中
校院以上就讀人數 2150961 人的百分之二十七）。

　　前暨南大學校長李家同九十二年六月二十五日指
出，台灣貧富差距急劇擴大，十年前我前十％收入所
得是後十％的十九倍，但目前兩者差倍數已惡化到六
十一倍。使得學童在英語教育上成績呈現雙峰現象，
加上私校收取高額學雜費，迫使愈來愈多窮小孩提早
放棄學習，也有學生因此想輟學去跳八家將，有學生
為賺錢寧為賭場通風報信，夜市更充斥遭黑道吸收販
賣非法光碟的國中生，連法官都認為問題嚴重到無法
處理，大批窮孩子出現已使我國教育陷入空前危機。
經濟景氣良好與否，直接影響到就業市場，也將間接
影響到社會治安，如近來百業蕭條，財產犯罪大幅攀
升，尤以金融機構遭搶為甚。

十、語言系統：語言是溝通的工具，語言的協調一致，必
　　將有利意見交流，達到政通人和的境界。語言更是文
　　化組成的重要分子，孕育了綿密的知識脈絡，包括諺
　　語、詩歌、及傳說等，累積了歷代的思想及生活經

驗，而構成民族的基本要素。相反的，語言不能協調一致甚至相左，則不利於相互間的溝通，衍生不必要的誤會，職是全國甚至全世界講究共同的語言，反觀近年來國內在語言使用上屢生齟齬，致教育部於九十二年二月間有「語言平等法」的提案，消息傳來引發各界批判，咸認決策過於粗糙及可議，終於遭到游揆緊急喊卡。語言的正當使用與否更常造成組織或個人的危機，外交部長陳唐山一句「LP」，引起社會各界的撻伐。第一金控董事長謝壽夫立法院備詢時，因一句「shit」終而辭官下台。

因應政治不同的操弄，各類語言時而面臨流失的危機，時而成為鄉土語言教學的新寵。日本統治台灣五十年間的語言政策，計括安撫時期（1895 至 1919 年）、同化時期（1919 至 1937 年）與皇民化時期（1937 至 1945 年）三個時期（曹逢甫，民 88）。台灣光復後至七十六年解除戒嚴之前，政府大力推行國語，迨解除戒嚴之後，方言教育乃蓬勃發展，教育部九十學年度公布「國小鄉土語言政策推動與學校實施概況」，得知閩南語、客家語、原住民語等鄉土母語都能落實施教。

另就學生廣泛使用網言網語來看，也頗讓學生眼中「LKK」的老師頭痛不已，多數老師擔心學生過度使用網言網語，將導致國文程度的嚴重下滑。另青少年間的語言系統常扮演青少年次級文化的重要角色，青少年在小團體內流行一些常用的無厘頭話語，成人

世界既聽不懂他們的「哈拉語」，也很難打入他們的
圈子（參閱附錄二）。

十一、知識系統：管理大師彼得杜拉克（Peter Drucker）於
1965 年倡導「知識」將取代土地、勞動、資本、機
器設備等成為最重要的生產工具，經濟合作發展組
織於 1996 年提出「以知識為本的經濟」概念。在知
識經濟的風潮下，知識管理相形重要，強調組織成
員間知識分享和傳播的重要性。傳統下知識學習的
重鎮──學校組織的知識管理必然地起了革命性的變
化，期冀藉由科技的系統模組，來改善教學知識的
整理、儲存與分享。網際網路的資訊科技提供了數
位化資訊（digital information）和虛擬化世界
（virtual world），加速了知識的流通、轉化和創
新。比爾蓋滋（Bill Gates）在其數位神經系統一書
中，指出「如果八○年代的主題是品質，九○年代
是企業再造，則公元兩千年後的關鍵就是速度」，
由此更可確信資訊科技將左右知識系統。

不過，從另一角度來思索知識與人生的關係，
也有許多值得深思的課題。知識系統由神學、玄
學、哲學而科學，而目前科學反過來探究人類許許
多多的未知領域，甚至包含了玄學、神學的範疇。
知識系統的精進確實帶來科技的猛飛，如與歷朝各
代相比，無論交通工具、通訊器材都有天壤之別。
但不幸的，核武生化等摧毀武器也不遑多讓。另就
知識系統帶給人類物質生活的便利與富足，卻未同

時帶給人類精神生活上的提升，此一現象似也潛藏著一股不可忽視的危機。

十二、生態環境系統：南亞大海嘯呈現「明天過後」的真實場景，令人觸目驚心；溫室效應致全球氣候異常，濫墾濫伐致土石橫流；無一不在說明人類若不做好生態環保，惹起大地反撲，勢必將會咎由自取。八十八年九月間發生規模七點三級的集集大地震，經統計南投縣中寮鄉等十一鄉鎮市計有二十四所國中小學校全毀，台中縣新社鄉等七鄉鎮市計有十九所國中小學校全毀。

SARS 病毒肆虐，人類再度面臨生存的危機。究其實病毒選擇人類做為宿主並無好處，宿主死了，病毒也跟著死亡。根據流行病學者研究，人類才是讓病毒肆虐的「元凶」，其原因在於人類因人口成長，大肆擴張，侵入了病毒的自然棲息地，病毒才被迫現身使人類成為受害者（何穎怡譯，民91）（參閱附錄三）。

其實台灣九二一大地震致土石橫流，年年乾旱缺水，在在印證因過度開發、破壞水土、污染河川、濫用農藥，已招致大自然反撲的危機警訊。生態的劇烈變化，危及了人類生存，破壞了學習環境。但從不同角度加以觀察，生態劇變的訊息也將成為教育的新素材，將促使人類更落實生態環保教育的紮根工作。聯合國於一九七二年在瑞典首都斯德哥耳摩召開「人類環境研討會」中，強調生態保

育教育或許是解決世界環境問題的最佳方法。IUCN（International Union for Conservation on Natural and Natural Resources）提出生態保育教育可從三個階段來加以實施，其一，從環境中教學（teaching from the environment）。其二，教導認知環境（teaching about the environment）。其三，為環境而教學（teaching for the environment）（楊政冠，1997）。

十三、除了上述各項環境系統外，學校行政教學運作及因應危機處理，還深受核心團體系統、行政運作系統、上級指揮監督系統等，給予不同程度的支援、羈絆或干預。

第五節　組織病態

　　組織架構越形繁複，組織職權越形擴增，則組織的指揮調度、溝通協調等將越形困難；加上組織系統間交互作用的衝擊、敵對及資訊環境的不確定性，因此組織運作稍有不慎，即易弊病叢生、危機四伏。從組織結構及運作層面來看，舉凡計畫作業的失當、官僚作為、成員間的疏離脫序、公關處理的不當等，或從組織成員份子層面來看，舉凡成員的情緒障礙、偏差行為、犯罪侵權或受害等都是組織病態的表徵。

　　組織病態之一為政策錯置，有謂錯誤的政策比貪污更可怕。而何來錯誤的政策，乃在於缺乏妥善的計劃作為，致讓行政運作產生危機。即危機處理作為中，有關預防、

處理、善後等面向，何嘗不需要逐一妥善地規劃。茲舉一二例，即可見政府政策規劃的顢頇。台北縣九十二學年下學期核准退休的人數超過了一千七百人，是前年的五倍；同年八月還有下一波的退休潮，預期人數會更加攀升，這對於台北縣的基礎教育來說，是個極大的隱憂。該等教師何以搶著退休？經細究大多數退休教師的心聲，不然發現主要是受到九年國教改革影響。多數認為九年教改政策制定得太倉促，教改後的新課程和新教法讓許多老師無法適應；再加上政府財政危機頻傳、政治環境的不確定因素、以及傳言退撫制度將大幅改變，使得很多國中、小學的教師高喊「不如歸去」，趕辦退休。

內政部原定於九十三年三月一日新增三項大陸配偶來台定居的財力門檻，但其中一項五百萬元動產、不動產財力證明，引起外界強力反彈。嗣經立法院諸多委員質疑，為了平息眾怒，內政部長余政憲當場宣布延後三個月施行。內政部宣布延緩實施，外界對於政策一日數變一片譁然，余政憲迫於無奈，推說該政策為所屬入出境管理局所草擬，渠也不甚清楚，並改口宣布取消五百萬元證明，改採現行卅八萬元存款證明。

組織病態之二為官僚體制的弊病，韋伯（M. Weber）所倡行的官僚體制（bureaucracy）為現行各級行政組織中最為常見的一種。雖其建構有理性的思維，但於實施過程或因執行不當，或因鄉愿成習，或因人謀不彰，或因立意過高，久而久之衍生諸多弊端。如由於不當的層層節制，衍生「官大學問大、下屬事事請示」之效應。其次，如過

度講究遵循相關法令規章的形式規範，衍生「官樣文書、目標置換」之效應，而忽視法令規章所規範的實質立意。第三，科層體制部門分化各有職掌，但對其他相關部門資訊的視野卻相對窄化，加上為求各單位生存發展，以致衍生維護自己的本位主義盛行，衍生「本位主義、老大心態」之弊病。第四，科層體制講究「控制」、「順從」、「績效」之層級節制關係，以致行政作為容易流於形式，且捏造不實的績效，常見「形式主義掛帥、績效造假成風」。第五，科層體制優點之一為對於組織成員的工作保障。但在人事進用、遷調及獎勵上，或係主官進用私人，或係獎懲不公，或係成員本身不夠健全，常見的是部分組織成員向心力不夠，工作怠惰，形成組織冗員充斥，組織氣氛暮氣沉沉。第六，為「玩法弄權、斲喪公義」，科層體制講究層層節制，組織權力容易集中在握有實權的主管人員中。加上科層體制法令規章繁瑣，法規術語艱澀難懂，倘若主管人員人品不正，即容易玩法弄權，置社會公平正義於不顧。第七，為「恐龍式組織領導、末梢神經麻痺」，部分行政組織過於龐大，組織權力又集中在少數人的核心，由少數人來帶動整個組織的運行，常見的是如恐龍般以細小的腦袋瓜，耗力地來拖帶龐大的身軀，而組織底層的成員對於上級核心指令的理解與順從，宛如人體末梢神經般易於麻痺不聽使喚。

　　組織病態之三為成員對組織的認同不夠，致生疏離脫序的現象。成員相互間若能齊心一致、將士用命，則組織績效必然可觀；如若不然，工作伙伴勾心鬥角，相互傾

軋，組織績效之低落自不在話下，岌岌可危亦為期不遠。常見組織運作過程中，或係由於人事升遷不公、工作分配不均、領導管理流於專橫、溝通不足、激勵不夠，以致衍生成員對組織的向心力不夠，甚且心生怨懟、工作怠惰，從事破壞勾當。

組織病態之四為面對環境系統，或因社群偏頗，或因公共關係處理不當，除無法有效運作社會系統資源外，還造成雙方關係的緊張。學校行政實務上必須面對的核心團體，包括學生家長、地方士紳、民意代表、媒體朋友等，相互間的公共關係都不容易處理。實務上發現不少家長會將學生制服、運動服裝、餐盒、校外教學、畢業旅行等採購及學校水電工程，視為重大商機而從中左右。若不幸，當地民意代表與家長會相互結合狼狽為奸，則對學校師生為害更大。

組織病態之五為成員個體情緒管理失當而造成諸多憾事，個體為組織之組成分子，個體不夠健康，則難以企求組織的健全發展。組織病態之六為青少年學子的偏差行為，校園衝突、校園暴行、學生偏差行為，甚至違法犯紀案件層出不窮，在在令社會各界為之震驚。組織病態之七為犯罪侵權行為囂張，學生淪為受害對象，引發社會各界震驚。

附錄一：

李昌鈺博士回台勘查 2004 年總統大選槍擊疑案現場證物，掀起個人魅力旋風之際，聯合報小社論於四

月十二日以「李昌鈺傳奇」為題發表論述，其中論及一個真正尊重專業、讓證據說話的社會環境，始能蓄積個人應有的自尊與自信。茲節錄其部分論述如下：「李昌鈺的專業成就已有口碑，但他展現在眾人面前的，除了專業以外，更是他頗具魅力的人格形象：比常人快半板的步履、專注的眼神、幽默的談吐、細密的邏輯，和經常綻放的笑容……在在令人覺得有一種大師風範。李昌鈺是個傳奇人物。強恕高中、警官學校畢業，他如果當年在台灣延續他的生涯，即使亦參與了台灣司法界的鑑識工作，他能不能有今日成就，恐怕未必。尤其，在台灣這塊土地上，他能否發揮那種瀟灑又細膩的人格特質，更是談何容易。在李昌鈺的人格表現中，除了經常顯露他過人的天賦，更重要的是有一種專業的尊貴。這是必須在一個真正尊重專業、讓證據說話的社會環境中，始能蓄積的自尊與自信。當一位鑑識專業人員，相信在自己的專業領域中，他可以不作任何其他權威的僕役；他才能建立他的社會信任，也就漸漸會顯露出一種大師的人格光芒。李昌鈺此行的工作成果可以不論，但他對檢警人員在人格層次的衝擊卻是可想而知的。這不只是兩天只睡一個半小時的問題，而是要有一個人人都以自己的專業為榮的大環境。台灣的警察好像缺乏這種環境，檢察官、法官也未必有這種環境，甚至連中選會委員、軍事將領及政府官員也似乎缺乏這種環境。倘若李昌鈺當年留在台灣，他還會是今天的李昌鈺嗎？」

附錄二：

　　台北市少年輔導委員會信義少輔組所蒐集的部分青少年流行用語，前者是哈拉語，後者是它的意涵：「蛤蜊不開」指自閉、「抓娃娃」指墮胎、「小密馬」指外面偷養的馬子、「台客」指很俗的人、「免持聽筒」指自言自語、「人類」指人類＋敗類、「柯南的表哥」指胡南（虎爛）、「電話」指欠人打、「子宮外孕」指怪胎、「金排球」指真難笑、「阿姑」指大嘴醜女、「小阿姨」指長得很正點的女生、「小白」指白目、「插旗子」指把風、「蛋白質」指笨蛋＋白痴＋神經質、「潛水艇」指沒水準、「等一下」指你騷貨啦（你稍後啦）、「米苔目」指比白目更白目、「小籠包」指裝可愛、「火車」指比機車更機車、「燒餅」指很騷的女生、「小桃子」指很正點的女生。含英文的哈拉語：「3p」指 pig 豬、poor 差勁、proud 傲慢、「好麻薯」指 how much、「很s」指很拐彎抹角、「給你 Hang Ten」指踹你兩腳、「上午場」指打 Kiss、「茶包」指麻煩（Trouble）、「815」指粉擦的很厚的女人（水泥漆）、「FBI」指粉悲哀、「S. G. B」指神經病的台語、「史努比的弟弟」指 stupid。（引自九十二年六月二十六日聯合報李玉梅報導）

附錄三：

　　黃肇松於九十二年六月九日中國時報論壇上大加

撻伐人類活得逍遙、吃得盡興，囂張跋扈滿足口腹之
慾，其結果是動物反撲，吃出大禍。據黃肇松指出在
廣州所謂 紅燒果子狸、錦繡猴絲、燉猴腦、藥香蒸乳
鴿、清燉天鵝、瓦罐貓頭鷹、野豬腦魚雲羹、紅燒梅
花鹿、香炒黃鼠狼肉、開煲狗肉、鳳爪燉海狗蜂巢芋
角、燒烤螞蟻蠍子拼盤等十二道生猛野味大餐一應俱
全。另五彩炒蛇絲、百花蛇脯、四珍炒蛇柳、紅扣穿
山甲、黑蟒肉片、生吞蛇膽、菊花龍虎鳳、五蛇龍虎
會、燒鳳肝蛇片、浸泡蛇肝、龍虎鳳生翅、潤喉蛇
血，又是十二道「全蛇大餐」菜單，樣樣不缺。在
SARS 疫情肆虐當下，部分研究指出動物在傳染 SARS
病毒中扮演重要角色的說法，如最早爆發疫情的廣東
河源地區，當地醫院統計，許多病人是野味販子和餐
廳廚師；其次，香港大學研究發現，SARS 的冠狀病
毒源自野生動物果子狸；再次，深圳疾病預防控制中
心通過對豬獾、貉、海狸鼠、蝙蝠、蛇、猴、鼠獾、
黃鯨、貓、兔等動物體內冠狀病毒基因進化分析，相
當程度確定其與人類 SARS 病毒的親緣關係。

第二章　危機處理思維

　　彭婉如基金會與開拓基金會合辦之「人身安全指數」調查發現，對於環境的恐懼，女性高達八至九成（晚上超過九成），男性白天害怕的有三、四成，但到了晚上亦超過七成（中國時報，八十六年十二月十二日，第三十三版）。人類對於安全之渴求，源於若安全遭受威脅甚或剝奪，將迫使個體生命的萎縮或凋零；生命之不保，再多的財物又有何益？人本心理學之父馬斯洛（Abraham Maslow）認為活在世上的每一個人都有五項需求──「生理需求」、「安全需求」、「愛和隸屬需求」、「受尊重需求」與「自我實現需求」。其中「安全需求」、「生理需求」被列為人類最基本的兩項需求。不過除了身心性命的安全外，身心的調適保健、人際關係的溝通處理、工作職位的確保與發展、名譽的榮辱等，無一不為個人息息相關的重要關鍵。當有關身心性命、事業財富等面臨壓力事件時，必須有效的因應處理。以此類推，一個機構、一個組織系統，或如一個國家，莫不如此。人際關係冷漠、個人情緒困擾、校園暴力、青少年嗑藥、網路援交；經濟惡化、產業失調、失業人口攀升；九二一天搖地動、土石橫流人命慘死；SARS 風暴席捲全台，九一一恐怖襲美慘劇震懾國人等，成堆的天災與人禍，危機氛圍逼得喘不過

氣、惶惶不可終日。

　　如何認知危機、預防危機、面對危機、處理危機已是組織管理上的一大課題，身為組織幹部更是責無旁貸。本章在第一節中，先綜合各學者專家的論點及筆者處理危機事件的經驗，界定危機的概念。在第二節中，依據教育部「校園事件通報管理系統實施要點」，將校園危機分為五大類，分別列舉實際案例供讀者參考。另從危機管理實務角度，增列「表意性危機」一項，期望從事行政管理者能作為借鏡，避免重蹈覆轍。在第三節中，分別從「危機系統架構」之橫切面，與「危機生命循環期程」的縱貫面兩個向度，來探討危機的系統環境與特性。在第四節中，首先探討危機的認知與危機忍受度常因個人的職務角色、專業智能、工作經驗、角色視野等而有所不同。其次，從各個不同向度，探討「環境系統診斷」、「組織運作診斷」、「組織效能診斷」、「組織成員診斷」、「組織文化診斷」、「組織利益關係人診斷」、「組織公共關係診斷」、「危機警訊診斷」、「危機影響程度與危機發生的機率診斷」等之診斷作為。在第五節中，探討危機處理策略。首先強調要建構一層級分明、職責清楚、通訊靈活、功能統合的危機處理體系。其次為策訂一簡要、明確、週延、檢索容易、經常更新之「危機處理標準作業程序」。最後探討危機管理機制的「靈魂」── 組織負責人的重要性及其應有的作為。

第一節　危機的概念

　　「危機」的概念可遠溯至古希臘時醫學用語，其意味著一個事件或有機體在發展及演進過程中的一項轉捩點，是決定好壞或生死存亡的重要關鍵，而此意涵正和中國古語所言：「危機即是轉機」不謀而合。但對組織或個人而言，所謂危機事件，首一要件是影響我們，倘若不影響我們，則再重大的事件都非危機，只不過是否影響我們，恐非一望即知而已。其次是震撼我們，倘若是芝麻小事，縱使影響我們，也非危機可言。再其次為為難我們，即難以處理。

　　對於組織危機概念作有系統之模式建構，首推赫曼（Hermann,1972），其依三項標準來判定危機情境：一、威脅到組織或決策單位之高度優先價值或目標。二、在情況急遽轉變之前可供反應的時間有限。三、對組織或決策單位而言，危機乃是未曾意料而倉促爆發所造成的一種意外驚訝。

　　彌爾本（Milburn,1972）認為當情境具有下列特徵時就是危機：一、決策者能察覺到其所受威脅的價值是重要的並加以關切。二、情境是非預期的，以致於並無一套計畫或任何現存方案可用來處理危機。三、在價值損失之前，可供決定並採取行動的時間是相當短暫的。

　　布烈喬（Brecher,1978）認為危機情境的成立必需符合下列四種充分且必要的條件，且為高階層決策者所察覺者：一、係因內、外在環境變遷所致。二、該情境威脅到

組織或決策者之基本價值信念。三、該情境引發武力敵對狀態的可能性高。四、該情境直接威脅到組織或個人的主要目標，而反應處理的時間卻是極其有限。

道頓（Dutton，1986）認為危機通常和威脅或逆境等的意涵相互使用，危機意味著個人或一群個體，若不採取某些型態的補救行動時，則其將會產生出一種有潛在負面影響感覺的認知。

韋克（Weick，1988）則認為，雖然危機所造成的後果很嚴重，但因其事前的徵兆與其結果之間的因果關係很薄弱，故決策者會覺得該危機事件發生的機率較低，所以對危機事件之詮釋及判斷端賴當事人的直覺感應，而無法運用理性計算的方式來予以確立。

羅森莎爾（Rosenthaleta1，1991）等人認為危機會對社會、制度及組織等的基本利益及結構產生嚴重的威脅，甚至也會對根本的價值及規範產生威脅。從管理的觀點來看，危機會使人在時間壓力及相當不確定的情境下作出重要的決策。

布瑞歇爾（Brecher）認為危機具有下列特質：內外環境突然發生變化且影響到組織基本目標；各種變化具有連動性，致星星之火可以燎原；對變化作反應處理的時間極為有限且急迫（邱毅，民89）。

綜合以上諸位學者對危機概念的界定及陳述，「危機」可以歸納出幾項特徵來：一、危機是一種具有威脅性的情境或事件，會對組織或決策單位的基本目標、價值造成威脅。二、危機本身具有不確定性的特徵，故很難以完全理

性的方式來預估，只能作充分、廣泛的事前預防及設想出完備的應變計畫，但卻不能完全加以避免。三、危機可能是由內外環境因素所造成，其洞察則有賴於決策者的認知及感應，更因其具有時間急迫性的特性，故決策者需在有限時間內及高度心理壓力之下作出重要性的決定及變革。四、危機具有未預警性及危害性，若對其爆發前的徵兆加以忽略的話，則可能對整個組織或結構造成負面影響。

　　總之，危機可視為是對一事件之不同面向的知覺（perception）混合體，其所具有的威脅性強弱與該事件所被知覺到的重要性、急迫性、不確性及其互相間所形成的關係有著密切的關係。從危機知覺模式的檢證中，不難發現可能損失之價值的知覺、損失可能性的知覺及時間壓力的知覺等都是決定危機知覺程度強弱的重要因素。

第二節　校園危機的類別

　　相對於軍事危機、重大治安危機、疫情危機，校園危機的衝擊範圍似乎侷限於一隅，不過子女成為目前小家庭中的重心，因此校園危機一有發生，備受各界矚目。校園常發生的危機有來自外力的干擾，也有出自於學校或學生本身的問題，依據教育部「校園事件通報管理系統實施要點」，依事件性質分為五大類：

一、學生意外事件：車禍、疾病身亡、運動及遊戲傷害、溺水、自殺自傷、實驗實習傷害、中毒、校園建築設施傷害等。

案例一：

民國 89 年 9 月間，因天氣下雨，景文高中白姓體育老師將上課地點改到地下室，陳姓同學熱心抱著患有先天性成骨不全症，骨質鬆軟易脆碎的「玻璃娃娃」顏某下樓，不料天雨路滑，一時不慎雙雙跌倒，顏某因頭顱骨破裂送醫不治死亡。顏父具狀控告案發時的陳姓同學、楊姓導師、白姓體育老師，並要求賠償七百多萬元，台北地方法院認為，陳姓同學發揮彼此照顧的美德，顏某的死亡並非同學與學校的過失，判決顏某的父母敗訴。

案例二：

屏東縣牡丹國中二名國三學生於九十三年四月中雙雙上吊自殺，有人懷疑他們是一對小情侶，相約殉情，但二人並沒有留下遺書，因此究竟為何同時吊死，家屬也摸不著頭緒。張姓導師感慨地說：「他是一個很乖的孩子，成績功課都很好，每次我來看到他的位子就很難過。」

二、校園及教職員生安全維護事件：火警、地震、人為破壞、校園侵擾、風災、水災、失竊。

案例一：

八十八年九月二十一日凌晨一點四十七分，發生規模七點三級的集集大地震，震央是在南投縣的集集鎮，除南投外，台中、台北等地也都傳出慘重災情。經統計南投縣中寮鄉等十一鄉鎮市計有二十四所國中

小學校全毀，台中縣新社鄉等七鄉鎮市計有十九所國中小學校全毀。教育部為因應此項危機，特規劃「九二一受災國民中小學建築規劃設計規範」，內容包括「永續經營校園規劃設計理念」、「校園規劃」、「校舍空間」、「基本設施與設備」、「耐震規劃與設計」等五大項。教育部強調重建的校園，並非只有新的校舍、建築，而是耐震強度提高，而且能永續經營與社區結合，符合小班小校、終身學習等現代教育改革理念的學校。

案例二：

　　根據教育部統計，九十三年一至三月，發生在校園的電話詐騙事件總共有三十五起，其中大專院校八起，高中（含）以下學校有二十七起。教育部已通令全國各級學校校安人員，一旦接到家長有關學生可能發生意外消息，必須立即動員所有可用人力尋找這位學生，及早釐清疑慮。教育部也建議家長，身邊要隨時保有學校學務處或教官室的電話，有問題立即相互聯絡，不讓歹徒有可乘之機。教育部校安中心特別成立廿四小時專線求救電話（○二）三三四三七八五五、三三四三七八五六，以供學生家長不時之需。

案例三：

　　中央警察大學綜合警技館新建工程工地於九十三年四月中，一夕之間被偷走三百多公噸鋼筋，損失約七百萬元。警方前往警大校園現場會勘，發現工地堆

放數量龐大的鋼筋無人看管，且沒有監視設備。但要運走三百五十公噸鋼筋，需要七部以上的大型卡車，研判是集團所為。案發後附近的部分廠商、住家認為與警大為鄰也未必安全。

三、學生暴力與偏差行為：學生鬥毆、暴力犯罪、破壞、偷竊、恐嚇、勒索、綁架、性犯罪、濫用藥品與煙毒、性騷擾等。

案例一：

八十七年三月間，新竹某大學博士班學生於校內演講廳發覺一具女屍，案經檢察官勘驗，確定死者為碩二研究生 A，因與兇手（B 同學）爭奪男友 C 起爭執，而造成過失致人於死案，經媒體大肆報導，震撼社會。

案例二：

桃園縣大成國中周姓三年級學生，於九十三年四月初遭四名少年誣指欺負他們的乾弟弟，強押至八德市義勇街民宅七樓頂圍毆，迫使周姓學生攀爬圍牆逃避毒打時，不慎墜樓致頭、脊椎等全身多處骨折，生命垂危，警方據報逮捕四名涉案少年依法究辦。學生集體鬥毆事件屢見不鮮，青少年常因爭風吃醋或互看不順眼，即吆喝對方談判解決，為了掌握勝券常會邀集其他同學攜帶球棒、榔頭、高爾夫球桿及拔釘器等凶器前往助陣打群架，結果造成輕重傷，甚至傷重不治。

四、管教衝突及學生抗爭事件：師生衝突、親師衝突、親生衝突、管教體罰、學生抗爭申訴等。

案例一：

　　「友善校園聯盟」於九十三年四月初公布一份國內學校體罰問卷現況的分析，顯示高達 7 成 4 家長表示，自己的孩子曾被老師體罰過；被體罰的原因是上課吵鬧、成績不好或沒交作業；有 5 成 3 的家長表示，孩子起碼都被打過 2 到 5 次。人本教育基金會指出，最常見的體罰方式是直接責打，或罰站、半蹲、罰寫功課，也有家長表示，老師「體罰」的方式不一而足，有老師因為學生遲到就把學生關到狗籠裡；有教官處罰學生，是叫男生趴著，在屁股上用粉筆畫一條線，用棍子打到那條線模糊為止。體罰的教育效果向為教育學者所否定，持平而言，體罰可能帶來身體傷害、心理創傷（害怕、曲解、自卑、沉淪、反叛、情緒障礙）、人際關係不良，且常造成管教衝突而衍生親師生關係的緊張。

案例二：

　　在學生集體抗爭方面，一向受到社會各界的重視，如六十九年初期校園內部學生的民主運動逐漸興起，最享盛名的為「三月學運」，被稱為「野百合學運」。學生的訴求主要有三，其一為「校園內民主化」，其二為「言論自由」，其三為「社會改革」如要求國會全面改選。2004 年總統大選後，一群來自台大、逢甲等校的學生，為了「要真相、反歧視、爭未來」，持續在中正紀念堂前輪流絕食抗議靜坐；學生

強調以理性、柔性、和平的方法，在不妨礙週遭環境與居民的前提下，表達自由意志，他們要求教育部要保護學生，並堅持要與部長黃榮村當面溝通。但於抗議靜坐達 67 小時後，警政署長張四良指出，基於擔心學生身體狀況，下令警方強制勸離，引發各界諸多質疑。教育部針對此一問題，特發布新聞表示，大學生積極關心社會各種問題，並勇敢以行動表達個人之立場，顯示國內多元社會的現象，也是大學生自我學習成長的歷程，教育部持尊重的立場。

五、兒童少年保護事項：離家出走、在外遊蕩、遺棄、長輩凌虐、強迫性交易、亂倫、誘拐販賣人口、出入不正當場所。

除上面所列五大類災害或危機事件外，尚有「表意性危機」殊值重視。俗謂「禍從口出」用以闡釋表意性危機頗為傳神。人與人之間或團隊與團隊之間藉由語言文字溝通是人際社會的一大特色，在溝通過程中若使用語言文字不當、不妥，都極易造成雙方的誤解，甚或衍生危機。

九十三年間立法委員林重謨以「惡犬」痛批美國在台協會台北辦事處處長包道格，也因而得罪美國國務院甚至白宮。李大維出任駐美代表案遲無下文，據說就是拜「惡犬說」之賜。

九十三年六月間即將接任華視董事長的江霞，公開表示不歡迎特定演藝人員到華視，禁播大陸劇等言論，以致還未上任，卻已經惹得滿城風雨，不少民進黨團立委也對江霞說法不敢苟同，認為還沒上任就敲鑼打鼓，製造在野

黨攻擊的口實，造成政府的形象受損。總統府相關官員也率直地指出，她扯出來的問題她要自己去處理。

教育部常務次長周燦德九十三年七月間，在全國教育局長會議中公開呼籲在場廿五縣市教育局長，勸導縣市境內的外籍和大陸新娘「不要生那麼多！」惹來輿論一片譁然。多個民間團體聯合成立的「移民／移住人權修法聯盟」，會師教育部前大喊「我們不是遲緩兒」、「反對種族歧視」、「有教無類」。除要求周燦德為不當發言立即道歉外，並要求政府對於周燦德的發言，一周內做出「嚴正處置」，否則將發起更大規模的抗爭。

九十三年七二敏督利颱風肆虐，呂副總統發表「搶救困在山區濫墾濫伐的人，難道就是慈悲？」、「移民中南美洲開墾」、「原住民非台灣原始祖先」等談話，廣受朝野各界及災民所撻伐，之後接續的所謂「矮黑人說」、「黑色恐佈說」等讓整個危機事件更難收拾。另內政部長蘇嘉全一句「決堤就決堤，有啥好看的，給錢就是了！」也同樣成為眾矢之的。

九十三年九月底，外交部長陳唐山於接見「台灣外館正名運動聯盟」成員時，以「鼻屎」及「P 中國 LP」等俚語，批評新加坡之不當之舉，終落得「用語失當」、「誠心的表示歉意」之下場。

第三節　危機的系統環境與特性

　　不論危機事件危害程度的多寡，或真否能危害到組織的存亡與發展，也不論組織處置是否得當。總之，不可將任何危機看作一時、一地、一人、一事的單純案情，蓋因危機本身的發展即是組織運作的一環，有其自身的系統環境，亦即危機的系統架構含蓋了組織結構、組織成員及利害關係人、組織運作、組織情感與承諾等，並與組織週遭各其他系統環境產生頻繁的交互作用。茲以九十三年四月初，台南縣永康分局鹽行派出所二名員警，深夜追贓車連開廿二槍打死竊嫌李某（二十五歲，有竊盜、強姦等前科），李母看到兒子屍體上的彈痕，不禁哭喊：「夭壽喔！怎麼開這麼多槍啊！只是開贓車而已，警方沒有必要開二十幾槍嘛！」為例說明。此一事件對台南縣警察局而言固然是一項危機，對李家而言何嘗不也是面臨一生中最為嚴重的危機。為探討警察局何以致此危機，不妨檢視警察局的組織架構、勤務運作、警察文化、警察裝備、員警素質、員警訓練、員警工作經驗、員警執勤心態（員警是否過度憤世嫉俗，或因近來員警執勤壓力太大，導致神經緊繃，遇事反應過度）、員警獎懲規定、警力的指揮調度、警局的公關處理等是否出了毛病。又社會公平正義的價值觀、司法公平性、民意輿論、大眾媒體監督等都將對警察局處理該項危機造成一定程度的影響和衝擊。再就李家的危機來看，李嫌的死亡可能使家庭組織結構和功能面臨崩解，衝擊李家的經濟生計，而李嫌的家庭狀況、成長

過程、學校生活、工作環境、同儕關係等都可能是促成李嫌偏差行為的誘因。

　　從橫切面看危機，必須兼顧上列所述的各項危機系統架構，而從縱貫面看危機，則須關注危機的生命循環期程。危機的生命循環期程可分為危機醞釀期、危機爆發期、危機擴散期、危機後遺症期等。

　　茲以 SARS 疫情危機為例，九十二年三、四月間，SARS 疫情在廣東、香港、新加坡等地肆虐，因目前世界各地往來頻仍，若以社會系統理論觀之，SARS 疫情對台灣地區的肆虐只是時間早晚而已。因此當政府自詡醫療水準得以確保「三零」紀錄的同時，其實就是台灣地區 SARS 疫情危機的醞釀期，如不有效處理，排除其發生，則醞釀期一過勢必爆發其威力。果不期然，在該危機醞釀期間由於政府過於自信和輕忽，導致 SARS 疫情危機爆發致不可收拾的地步，首先是三月份的台大醫院與中鼎員工群落感染，四月份的台北市和平、仁濟兩院發生散發性感染源。繼之高雄長庚醫院十五位醫護人員遭受感染並逐一在負壓隔離病房治療。幾個月不到，SARS 疫情計奪走了八十四條人命，並有六百七十多名可能病例，十萬餘人遭到隔離。而 SARS 疫情並不僅止於衝擊到公衛、醫療、防疫等層面，及造成人命的傷亡而已，其威力橫掃行政、經濟、旅遊餐飲、乃至於文化人際等各個層面，如多位防疫官員下台，醫院主管及醫師被具體求刑，旅遊餐飲等服務業損失慘重，政府施政形象受損，外資來台投資銳減及國外來台旅遊望而卻步等。

第四節　危機的認知與診斷

　　是否為危機事件？或是杞人憂天？其對組織或個人造成的衝擊或危害究竟有多大？上述諸項問題，對於擔任不同職務或扮演不同角色者而言，將有不同的認知。除因角色之不同而對危機認知有所差異外，伴隨個人角色而來的專業智能（大陸攻台之危機，即非教育或學校行政人員所能理解和因應）、工作經驗（初次因應校園危機之生澀遲鈍，和有多次經驗後的嫻熟老練確有差異）、角色視野等都將會影響認知差異。

　　茲以教育部主張不公布國中基測組距、學校排行榜，僅提供各校ＰＲ值作為配套措施為例。此一政策可視為教改人士的苦心與理想的堅持，但對於學生與家長而言，不公布排行榜之結果，即欠缺準確詳細的升學資訊。ＰＲ值僅能顯示自己分數排行佔所有考生百分比位置，居於金字塔頂端的學生固然不用擔心進不了好學校，但多數學生與家長該如何選擇學校可就煞費苦心。因此該一政策主張，教育部官員及教改人士可能是引以為傲的政績，對居於金字塔頂端的學生而言，也可說是事不關己，但對多數的學生和家長而言，恐是一項揮之不去的惡夢與危機，甚或將造成一輩子的遺憾。但倘若因學生和家長持續不滿而發酵，嚴重影響選票取向，將會是政治人物意想不到的危機。設若果真如此，屆時握有權柄之政治人物當然會找教育主管當局開刀，以平息眾怒，則教育主管當局又將一本初衷秉持理想的堅持，或做危機認知不清、處理失當下的

代罪羔羊。當然最為重要的是，該等政策對教育本質的利弊得失，又有誰予以貼心的關注？

再以自稱「抗議三劍客」的柯賜海（因欠稅遭管收 28 天）、賴注醒（因公開聲稱要刺殺陳水扁總統遭羈押 30 天後獲釋）和王蘭（竹聯幫前虎鳳隊隊長），某日帶著鴕鳥到司法院和總統府前，抗議司法院遲遲不對民事管收案件作釋憲，是「鴕鳥心態」為例。一般市民視之為鬧劇，府院雙方更不會放在眼底，但負責處理的憲警則視為棘手案件，倘若處理失當，免不了遭受申斥、懲處，又是一危機事件的代罪羔羊。

除危機認知外，對於危機的忍受度也將因個人角色及各項角色變項而有明顯的差距，某一階層可能視為天大危機，但對另一階層而言可能是芝麻小事一樁。如虧損新台幣壹佰萬元，究竟是否為重大危機？得視企業體營業額而定。但反之在校園危機處理上，不可主觀認定為小事，即予以疏忽，如學生可能因感情受挫，而痛不欲生，輔導老師必須以同理心予以安慰勸導，千萬不可等閒視之。

僅管危機認知及危機忍受度因人而異，但為有效處理危機，危機的診斷是危機處理策略過程中的首一要務。以第三節所述危機系統環境與特性為基礎，危機診斷計可從下列各不同向度實施並統整研判，以求週延。其一為環境系統診斷，其診斷作為在於瞭解組織能否充分掌握系統環境的變易與干涉，並能否有效予以因應。如大眾傳媒系統數量的急遽擴增，與報導品質的惡質化，對組織是否帶來潛藏的危機，或增加組織處理危機時的障礙。又如學生就

業市場區隔的變動，學生來源的更迭，及同類學校數量的增減，都衝擊到學校經營的成敗。其二為組織運作診斷，組織運作所呈現的病態是造成組織危機的主因，因此診斷作為在於充分掌握組織實際運作的良窳，如組織計劃作為、預算執行、人事管理、教師教學、文書處理等是否合法得當。綜上組織系統環境與組織運作的診斷兩項，秦夢群（民 80）分別從教育組織內部及外部兩個面向來探討危機發生的原因。就組織內部的因素而言：一、組織運作僵化。二、資訊系統不足，溝通不良。三、領導人缺乏權變領導能力。四、組職經營策略不明確。五、行政管理缺乏效率。六、對環境顯著改變反應遲鈍。七、組織運作與社會趨勢格格不入。八、事件發生處置延誤，失策形成重大危機。另就組織外部的因素而言：一、政治、社會的變遷。二、大眾傳播媒體的壓力。三、不法份子的破壞—外力入侵。茲以下圖示之：

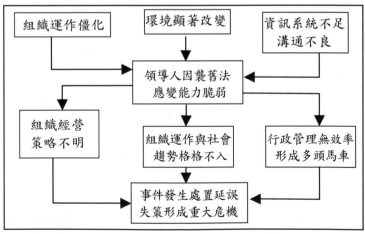

資料來源：秦夢群（民 80），教育行政理論與應用。

54

　　其三為組織效能診斷，效能為組織運作的產出，從效能的診斷容易得知組織是否醞釀爆發危機事件。其四為組織成員診斷，其診斷作為包括診斷成員的人格特質（如抗壓性的高低、處理事務妥協性的高低、公平正義的人文修為程度等）、成員的危機處理經驗、成員的危機處理專業、成員的危機認知、成員的危機學習等。其五為組織文化診斷，組織文化形塑了組織成員共同的信仰、期望、與價值觀，成員深受涵化且不易察覺，但其又深繫組織危機之是否發生與能否有效處理。如組織是否具有接受與挑戰危機的文化，或是組織具備自我膨脹或自我退縮的文化等。其六為組織利益關係人診斷，此一診斷作為在於全面關照組織各類利益關係人，其背景資料及相互間的利害關係。其七為組織公共關係診斷，尤其側重核心顧客群、民意代表、大眾媒體等三者間的公共關係。其八為危機警訊診斷，任何一則危機的發生，必然經過醞釀期，而有警訊可加判斷，因此如能實施危機警訊診斷，即早預防或研擬因應策略，必能使危機消弭於無形。

　　除了上述各相關層面的危機診斷作為外，在危機診斷上亦常分別判斷危機的影響程度及危機發生的機率。如以橫座標表示危機發生機率，而以縱座標表示危機影響程度，當發生機率高且影響程度高者為紅色警戒區，若發生機率低且影響程度低者為綠色安全區，若發生機率低但影響程度高者，或發生機率高但影響程度低者為黃色觀察區。

第五節　危機處理策略

　　當某一系統遭遇危機，常會說是有如「晴天霹靂」，似乎是成員間對危機之產生毫無預知。果真如此，則可說組織成員連一點「危機意識」都沒有。俗語說得好「天有不測風雲，人有旦夕禍福」，因此所謂危機意識，乃是指面對突如其來「壓力事件」的預備態度。「建立危機意識」為危機處理流程中之首一要務。究其內涵，不外是：要求組織成員澈底認識壓力事件之類別、肇因、特徵；要求組織成員具備「預防優於治療」之觀念；要求組織成員思索如何利用各種資源、管道來保護組織或個人；要求組織成員隨時隨地留意生活週遭違背常情、常理、常態之各項警訊；要求組織成員認知「人際關係中隱藏著犯罪危機」之情事。

　　平實而言，危機事件的發展計可區分為「潛伏期」、「爆發期」、「後遺症期」、「解決期」等四期，因此，有關危機事件之處理，大體而言，亦可區分為下列三步曲：「在危機潛伏期，如何居安思危，做好預防工作」；當不幸危機發作時，「如何面對危機事件，以致能臨危不亂」，進而「如何有效控制危機，以求能轉危為安」，做好善後的工作。質言之，危機管理策略作為務必在「危機爆發前」，進行相關的危機事件的研判預測、週密地實施危機事件的監測、加強危機管理團隊的教育訓練。面臨「危機爆發時」，臨危不亂，掌握時效啟動危機因應機制、充分調度資源管理系統、強化危機情境監測系統。在

「危機解決後」，除必要的調查與評估，以釐清責任外，並儘速進行復原工作。

　　Coombs（1999）建構一危機管理機制，分別為危機爆發前管理機制、危機爆發中管理機制、危機爆發後管理機制三階段模式。「危機爆發前管理機制」包括危機警訊偵測、危機防範、危機事件應變等三項作為。危機防範在於危機風險的規避、議題管理、公共關係的建立與維護。危機事件應變在於擬妥危機應變計劃、確認組織危機容忍程度、建構並訓練危機小組成員。「危機爆發中管理機制」包括充分認清危機事件、抑制危機的漫延、協商與談判、消弭危機事件、形象修復等作為。「危機爆發後管理機制」包括危機事件及處理作為的評估、後續溝通、與組織學習與革新。

　　為有效處理危機事件，任何組織必需建構危機處理體系（如處理中心或因應小組）。而該體系必需是層級分明、職責清楚、通訊靈活、功能統合的組織。美國甘迺迪總統於一九六二年十月間為處理古巴飛彈危機，成立一個由外交、軍事、情報部門等專家組成的權責單位，被認為是危機處理工作團隊的濫觴。之後美國政府一直將危機處理視為國之大政，用以因應迫切影響國家存亡之重大事件，卡特總統更於一九七九年將行政部門中十多個危機管理相關單位合併為「聯邦危機管理局」（Federal Emergency Management Agent，FEMA），使危機管理工作邁入一多元化目標導向的新紀元。國內為因應 SARS 危機，行政院於九十二年四月二十八日核定成立 SARS 防治

及紓困委員會，由游院長擔任召集人，下設紓困及後勤支
援（由行政院副院長林信義擔任總督導，分由物資管控
組、經濟產業組、外事組、法制及預算組、新聞組、督考
組等組成）及防治作戰中心（由顧問李明亮擔任總指揮，
分由國防資源組、居家隔離組、境外管制組、醫療及疫情
控制組等組成），成員由各相關部會遴派。

　　台北市政府教育局也要求所屬各級學校成立 SARS 危
機處理小組，由校長擔任召集人、由學務主任擔任總幹
事，下設法令諮詢組、身心輔導組、環境衛生組、教學課
務組、篩檢控管組、防治宣導組等六個單位。法令諮詢組
負責提供相關法律諮詢。身心輔導組負責相關輔導措施的
規劃，教職員工生及家長的情緒安撫，協助壓力調適，居
家隔離者的電話關懷輔導，社福機構的轉介輔導等工作。
環境衛生組負責校園管制措施的規劃與宣傳，校園清潔管
理，防疫器材的支援等。教學課務組負責聯繫相關任課老
師，研擬停課、復課、補救教學實施計劃，規劃停課期間
學生之居家學習輔導等。篩檢控管組負責建立全校緊急連
絡系統，防疫物資的管理與發放，教職員工生體溫控管，
校內疫情的調查、彙整與通報，防疫教室日誌的登錄等。
防治宣導組負責防治衛生的宣導，學校網站公告最新疫
情，並負責對外發言等工作。

　　如上所述，可見危機工作團隊在危機處理上的重要
性。King（2002）認為理想的危機工作團隊，應注意下列
五項要求：一、團隊成員的專業背景要多樣且週延，如此
對問題的視野才不致於侷限；二、團隊成員的意見要能充

分溝通和分享；三、團隊成員要具備處理危機的專業知能，並充分被授予權責；四、組織文化要能密切配合工作團隊，使該團隊能充分發揮功能；五、工作團隊的領導人要具備個人魅力並知權達變。

若以校園其他危機處理為例，學校應整合校內外資源，成立危機處理任務編組，由校長擔任召集人，綜理緊急指揮、召開會議、協調、督導工作等事宜。設執行祕書一人，由訓導主任擔任，協助召集人連繫並處理任務編組各項事務。設發言人一人，可由執行祕書兼任或另指派他人，負責對內、對外發佈訊息，並處理媒體報導相關事宜。下設調查組，負責事件之研判與調查。秘書組，負責事件資料之蒐集、彙整與撰擬。聯絡組，負責校內外之聯絡及對上級機關之通報。醫護組，負責緊急醫務專業之處理。法律組，提供相關法律問題諮詢服務。安全組，負責偶發事件場及善後之各項安全工作。協調組，負責學校內外有關事務之申訴、仲裁、慰問、救助、賠償等協調工作，輔導組，負責受害者（或肇事者）身心輔導，及其他相關輔導工作。

有了上述危機處理團隊架構後，必須策訂危機處理策略作為。其基本要求植基於「動支最少資源、使用最短時間、波及最小範圍、最必要但最少人的通報系統、維持最低損害程度」等基本理念。以下係「危機系統循環理論」、「危機生命週期理論」、「危機發展門檻理論」、「危機分析理論」、「危機決策理論」等主要論點，援引當作策訂危機處理策略作為之理論依據。

組織病態與危機處理

　　「危機系統循環理論」強調任何一個次級系統都無法獨外於環境大系統，也無法不與其他次級系統互動及受其影響。危機系統循環理論的主要論點有三，其一在強調組織深受各不同系統的影響，亦即危機的產生必然受到不同系統的影響；其二在強調危機管理不能僅照應到系統本身，必需全面性地關注到系統外部的環境系統；其三在強調危機的形成不是靜態的呈現，而是呈動態的態樣。

　　「危機生命週期理論」主張危機事件為一有機體，隨時從週遭環境中，吸取養分，而成長茁壯，甚至爆發出驚人的殺傷力。危機生命週期理論強調危機的進展區分為危機醞釀期、危機爆發期、危機處理期、危機擴散期、危機後遺症期。在前一期未予以妥善解決，將導致下一期的出現，因此有關危機管理最好能預防機先。

　　「危機發展門檻理論」係由史奈德（Glenn H. Snyder）與狄辛（Paul Diesing）兩位學者所提出，該理論認為危機發展區分為兩大部分，一是前危機階段，另一是危機階段。前危機階段轉變到危機階段，主要的關鍵在於危機門檻（Crisis Threshold），因此提醒危機管理者必須充分掌握危機發展關鍵。

　　「危機分析理論」強調對於任何一項危機的處理，必須予以妥善的分析，分析的事項包括危機事件中的人、事、時、地、物等諸多因素。而分析的步驟概分為，危機的辨識、危機的估算、危機的預防、危機的處理等四大過程。在危機辨識過程中，要充分瞭解可能有何危機？何處可能發生危機？危機造成的後果為何？影響危機的變數為

何？如何掌握危機變數？在危機估算過程中，要充分瞭解危機產生機率為何？危機造成的損失大小？組織有無能力承受該項危機？危機後遺症的大小？在危機預防過程中，要充分瞭解採取何項措施可以防阻危機？目前有無能力採取此種措施？由組織中那一部門去負責該項危機的處理？

　　「危機決策理論」強調透過決策模式有效處理危機事件，有關危機決策模式可概分為理性模式（Rational Model）、組織程序模式（Organizational Process Model）、以及政府政治模式（Governmental Political Model）三大類。理性決策模式視決策為理性的選擇，決策的步驟分別為：清楚地界定策略目標、研擬可達成策略目標的所有可行方案、分析各可行方案的利弊得失及成本效益、決擇最佳可行方案。組織程序模式視決策為組織運作的輸出，組織依據一定的程序，如諮詢、溝通、討論，得以產出一策略作為。政府政治模式並非全然作成本效益的考量，而較著眼於平息爭議為目的，因此策略的決定出於相互妥協的產物。

　　危機處理策略作為基本上應包括風險確認、風險評估、動員因應、復原及回饋等項，Lerbinger（1997）主張策略作為必須包括：一、設立危機門檻，二、發掘潛在危機，三、設立危機工作團隊、成立危機聯絡中心，四、詳列授權規定，五、順序排列應知會及通報的單位及人員，六、列出媒體名單及聯絡資訊，七、指定並訓練發言人。

　　為了工作團隊成員操作有所依據，且便於執行起見，「標準作業程序」的訂定及適時的更新，為一不可或缺的

書面文件。標準作業程序的規定必須簡要（以表格化、圖表化取代文字）、明確、週延（不疏漏）、注意相互間的分工與協調。且應注意資料檢索容易、備而不用、經常更新，車輛、物品保持堪用狀態。相關的標準作業程序大致包括：

一、接案：依據已設計好的表格，逐一詢問並填註資料。重要內容要複誦，以避免錯漏。

二、通報：設計危機事件通報單位檢核表，表內載明被通報單位人員職稱電話，以求迅速並避免錯漏。

三、啟動危機因應小組：平時即律訂召集危機小組的特殊危機訊號，並建立緊急通知成員的電話樹，以求快速完成通知作業。

四、各任務編組按律訂職責因應作為：各任務編組應律訂各員標準作業規範，而各員於實施作業過程，應充分利用責任檢核表核對工作項目，以避免錯漏。

五、危機因應中心應建立下列基本資料：

（一）危機編組人員名冊（包括姓名、職掌、聯絡電話、代理人姓名）。

（二）通報單位名冊。

（三）社會支援名冊。

（四）新聞稿範本。

（五）緊急所需物品保管人名冊及儲放處資料。

動員危機因應團隊，恪守危機處理標準作業程序，固然是危機管理的「核心」，但組織負責人仍是危機管理機制的「靈魂」，為有效實施危機管理，必須內塑臨危不亂

的人格特質，外顯有條不紊的應變作為。在人格特質的修
為上，講究情緒的平穩，遇事不可過度情緒化。要有包容
的雅性，所謂海納百川以成其大。要有善用他人的修為，
所謂下君盡己之能、中君盡人之力、上君盡人之智。而人
品貴重為第一要務，必如此才能勇於負責。否則人品不
正，可能利用危機處理時機，犧牲他人或圖利自己，美國
福特總統名言：「如果你為人正直，其他都不重要；如果
你人格不正，其他也不重要。」而在危機處理作為上，首
先要講究「預防為先」，以預防危機發生為第一要務。其
次，對危機事件的情資、發展或處理作為都要掌握先機，
而為達此一目標，必須廣布眼線，並保持通訊的靈活。第
三，當危機發生時，必須「親臨現場」、「救護第一」、
「掌握真相」，如此才能掌握處理先機。第四，則要尋求
支援及動員工作團隊。

組織病態與危機處理

第三章　政策錯置與計劃作為

　　任何一項再好的理念，必需有週詳的計劃供作通往執行間的橋樑，否則無以為功，甚且危機四伏，如 SARS 肆虐期間，政府號召全民戴口罩、量體溫，但因未顧及口罩及體溫計的充分供應，致造成民眾恐慌與加重民眾對政府的不信任感。SARS 疫情除奪走了八十四條人命外，並有六百七十多名可能病例，十萬餘人遭到隔離，多位防疫官員下台，醫院主管及醫師被具體求刑，旅遊餐飲等服務業損失慘重，政府施政形象受損等，是否真能喚醒政府徹底檢討公衛、醫療、防疫技術與制度上的種種缺失，並針對政治、經濟、法律、社會與文化等各個層面，及早因應規劃避免重蹈覆轍。

　　有謂錯誤的政策比貪污更可怕，而何來錯誤的政策，乃在於缺乏妥善的計劃作為，致讓行政運作產生危機。即危機處理作為中，有關預防、處理、善後等面向，何嘗不需要逐一計劃。「危機分析理論」強調對於任何一項危機的處理，必須予以妥善的分析，分析的事項包括危機事件中的人、事、時、地、物等諸多因素。而分析的步驟概分為，危機的辨識、危機的估算、危機的預防、危機的處理等四大過程。在危機辨識過程中，要充分瞭解可能有何危機？何處可能發生危機？危機造成的後果為何？影響危機

的變數為何？如何掌握危機變數？在危機估算過程中，要充分瞭解危機產生機率為何？危機造成的損失大小？組織有無能力承受該項危機？危機後遺症的大小？在危機預防過程中，要充分瞭解採取何項措施可以防阻危機？目前有無能力採取此種措施？由組織中那一部門去負責該項危機的處理？「危機決策理論」強調透過決策模式有效處理危機事件，有關危機決策模式概分為理性模式（Rational Model）、組織程序模式（Organizational Process Model）、以及政府政治模式（Governmental Political Model）三大類。理性決策模式視決策為理性的選擇；組織程序模式視決策為組織的輸出；政府政治模式視決策為政治運作的結果。

　　本章在第一節中，即先列舉五個政策規劃失當的實例，除用以說明政策計劃作為之威力無遠弗屆外，更說明了政策內容的不當及決策過程的反覆不定，將造成政府公信力何等的斲傷。在第二節中，參酌各學者專家的主張，界定計劃作為的意涵。在第三節中，說明計劃作為之時點與時程，計劃作為必須把握時機，否則即淪為遲延的決策，而不能真正派上用場。除計劃時機的拿捏外，計劃時程控管也同等重要，計劃評核術（program evaluation and review technique，PERT）為一種常被引用作為控管計劃時程的技術。在第四節中，以強化計劃組織運作專業化、計劃組織運作民主化、強化計劃組織開放策略等三向度，來建構一理想的計劃作為模式。在第五節中，援引 Simon（1993）提出「有限理性」（boundary　rationality）的立論，並提出八項限制理性計劃作為思維之因素。在第六節

中，以學校危機處理因應作為為題，要求計畫實作練習，以期知行合一。

第一節　案例舉隅

案例一：

　　內政部原定於九十三年三月一日新增三項大陸配偶來台定居的財力門檻，但其中一項五百萬元動產、不動產財力證明，引起外界強力反彈。嗣經立法院諸多委員質疑，為了平息眾怒，余政憲當場宣布延後三個月施行。

　　內政部宣布延緩實施，外界對於政策一日數變更是一片譁然，余政憲迫於無奈，推說該政策為所屬入出境管理局所草擬，渠也不甚清楚，並改口宣布取消五百萬元證明，改採現行卅八萬元存款證明。

案例二：

　　2004 年總統大選加上公投投票作業，中選會為配合府院政策思維，投票動線一改再改，連「錯投票匭有效」之政策也執意採行。中選會依據相關法律規定，認為當投票者有將總統票錯投至公投票匭之傾向時，選務人員可當場制止，不服制止者將被移送法辦，得處二年以下徒刑。如此一來，一方面錯投甚至可以判刑，另一方面又認定錯投為有效，其間「矛盾」可說不言可諭。

慶幸的是政府當局終究敵不過民意的強烈質疑，數日內將「錯投票匭有效」，翻案成「錯投票匭無效」。翻來覆去，政府公信力及中選會專業形象何等斲傷！

案例三：

九十二年十月間教育部作了「全國各級學校行政人員寒暑假上全天班」的規定，令相關人員群情譁然。但不到幾天光景，教育部突然讓步，表示該項是經由常務次長吳明清批示，部長黃榮村並不知情。黃部長極為不悅地指示相關司處，必須擬出有效利用學校資源的配套措施後，才能實施上全天班辦法。目前暫將學校行政人員區分為專職和兼職兩大類，前者必須貫徹每天上班八小時，後者繼續協商。嗣後，即專職行政人員每天上班八小時的措施是否從明年寒假開始實施，也要找學校協商，如果窒礙難行，不排除訂緩衝期間，延後實施。

案例四：

台北縣九十二學年下學期核准退休的人數超過了一千七百人，是前年的五倍；同年八月還有下一波的退休潮，預期人數會更加攀升，這對於台北縣的基礎教育來說，是個極大的隱憂。

該等教師何以搶著退休？難道是放棄了作育英才的初衷？或有其不得已的苦衷？經細究大多數退休教師的心聲，不然發現主要是受到九年國教改革影響。多數認為九年教改或許是政府施政的美意，但因為政

策制定得太倉促，教改後的新課程和新教法讓許多老師無法適應，再加上政府財政危機頻傳、政治環境的不確定因素、外傳退撫制度可能改變，使得很多國中、小學的教師趕辦退休，高喊「不如歸去」。

案例五：

　　根據教育部統計資料指出，台灣地區家庭年收入在 114 萬（含）元以下子女就讀大專院校、且申請就學貸款的人數有 29 萬 2390 人，占貸款學生的 98.4%。因此，高教司正研擬年收入一百萬元以下家庭就讀大專校院子女，給予學雜費減半優惠之計畫。這項政策引起各界高度的關切，有識者認為家庭年收入一百萬元，平均每個月收入八萬元，雙薪家庭只要辦理「假離婚」，即可享有優惠，家裡若有兩個大學生，一年就可省下十幾萬元。預判這項措施一旦實施，台灣地區可能出現超高的離婚率。

心得分享：

　　綜覽上述案例，我們深深體會為何有「錯誤的政策比貪污更可怕」的說法。因為貪污的危害性可能遠不如錯誤政策所造成的嚴重後果。上述案例一、案例二及案例三，因政策內容的不當及決策過程的反覆不定，政府公信力受到何等的戕傷，是不言可喻的事實！案例四及案例五，一則引起教師的退休潮，一則可能引起「假離婚」，可見政策計劃作為之威力無遠弗屆。

政策規劃之良窳，即直接影響組織施政層面，亦
即不當的政策規劃本身，已給組織帶來執行上的困
擾，甚至是急待處理的一大危機。

第二節　計劃作為的意涵

計劃作為在中文方面，類似用語有計畫、規劃、設
計、策劃、企劃等，在英文方面有 design、device、
formulation 等。計劃作為之意涵，學者專家論述頗多，如
Koontz 和 O'Donnell（1972）將行政計劃區分為六項步驟：
建立目標（ establishing objectives ）、考慮前提
（premising）、擬定各種可行方案（determining alternative
courses）、評估各種方案（evaluating alternative courses）、選
定方案（selecting a courses）、擬定衍生計畫（formulating
derivative plans）。Holden（1986）將其區分為：確定目標、
策略規劃、策略選擇、策略實施、評估等五項步驟。

Guess 和 Farnham（1989）認為規劃的歷程包括兩項主
要活動——即診斷（diagnosis）和處方（prescription），診
斷是在蒐集資料，瞭解問題癥結之所在；處方則在針對問
題之癥結，透過分析，提出解決問題的方案或對策。
Swanson、Territo 和 Taylor 則將其細分為九個步驟：計劃
準備、描述當前情況、發展計劃並考慮未來情況、確定和
分析問題、設定目的、確定其他行動方案、選擇較偏愛的
可行方案、計畫的執行實施、進行監視和評估（馬瑞龍
譯，民 79）。

Banghart 和 Trull，Jr（1973）將教育計劃核心歷程區分為：界定問題（defining the problem）、分析問題（analyzing the problem）、概念化問題並設計計畫（conceptualizing and designing plans）、評鑑各計畫（evaluating plans）、選擇並確定計畫（specifying plan）、實施計畫（implementing the plan）等六項。上述六項計劃核心過程與整體計劃歷程的相關位置如下圖所示：

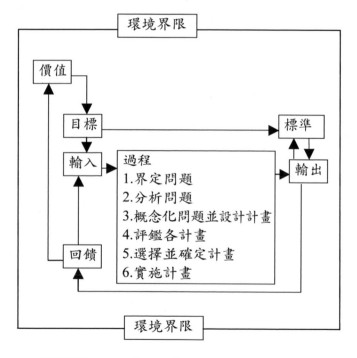

資料來源：Banghart 和 Trull, Jr，1973：113

組織病態與危機處理

　　綜合學者專家所提出的教育計劃及行政計劃之程序，概可區分為下列五項步驟：

一、廣泛蒐集資料、認知需求：計劃既係針對現況，預估未來，以籌謀解決可能將要面對的問題，因此在規劃之前，須對「現在及未來之環境系統」、「現行政策」、「現有或未來可能擁有之資源」等做一番澈底的評估、分析，瞭解其中各項利弊得失，以作為計劃作業之準據。當然在評估之前，多方面蒐集資料，乃是應有的前提作為。

二、設計可行方案：在上述評估作業之後，為求研擬解決問題之最佳策略，必須遴派「一定數量之優秀且經充分授權之計劃人員」，透過「充裕的計劃作業時間」，鼓勵「多元參與以獲取充分的資訊」、利用「客觀科學的計劃技術」、在合乎「週延縝密的計劃流程」等條件下，精心規劃設計。

三、推介較佳方案：從事計劃作業人員常非決策者，因此，必須透過「推介」（recommendation）的過程，將精心規劃出的各個可行方案，加以詳細分析其利弊得失，並備妥相關的綜合資訊，以供決策者從中做一最佳的抉擇。進一步說，推介乃是計劃作業人員將精心規劃出的成果呈現在決策者面前，並備妥相關資料，以供決策者做最理性選擇的作為歷程（Dunn，1981）。

四、確定或法制化：計劃產出的方案經決策者選定後，或許即可付諸實施；但也可能須呈報上級機關核可後，

才可付諸實施；甚或須經過立法機關立法通過後，才能付諸實施。凡上所述，不論本機關、上級機關之審定，統稱為「計畫確定程序」；而立法程序則稱之為「法制化」。確定或法制化之作用在於藉該等程序之進行，增加不同層面之多元參與，以求計劃作業之週延，及提高計畫之可行性、有效性、及合法性，並賦予計畫執行力、拘束力（Jones，1977；廖義男，民79）。

五、評估及回饋修正：計劃歷程中另一項重要環節為計劃的評估，一般學者認為計劃評估不應侷限於計劃最後階段的評估作業，而應存在於整個計劃過程中的任何一個階段，來擔任各階段間相互聯結的中介，並作為資訊反饋之迴道。換句話說，對任何階段進行評估的結果，都可用來提供正確資訊給計劃人員或決策者，做修正或終結各相關項目的作為（柯三吉，民 81）。Posavac 和 Carey（1980）也認為評估本來就應涵蓋整個計劃過程，因此將評估區分為需要評估、過程評估、結果評估、效率評估等四種。

第三節　計劃作為之時點與時程

行政院 SARS 防治及紓困委員會副召集人李明亮表示，自六月一日起為期十日要求全民量體溫，18620 支耳溫槍和 84590 個口罩會將分送到各村里長手中，由村里長幫助弱勢民眾量體溫，同時，177 免費發燒專線啟用。此

組織病態與危機處理

一政策宣示，部分民眾以為如能早在一個月前實施，應較理想。由此看出「時點」為計劃作為中一項重要因子。

民進黨籍立法委員沈富雄於九十二年六月四日聯合報民意論壇上以「又是遲延的決策──全民量體溫，瞎貓想矇死耗子」為題撰文，也充分說明計劃時點的掌握為政策成功與否的關鍵。茲將該文引述如下：

「平心而論，這次的『全民量體溫運動』，絕對是場政治正確的社會動員，但對整體防疫工作來說，其功效可能不如預期般高。全民量體溫運動，係由李遠哲院長發起，又經阿扁總統附議，抗煞理由冠冕堂皇，政治正當性十足，因此輿論少有反對。然而此一動作之決策時點，已經有所遲延，如此勞師動眾，充其量只能視為平撫社會集體恐慌的心理安慰劑，於目前疫情趨緩、人民生活回復正常之情況下，反倒顯得突兀而多餘。

一般來說，在台灣每天平均有三萬人出現發燒現象，其中約有百分之一（即三百人）有肺炎跡象，有肺炎跡象者的百分之一（即三人）才是 SARS 可能病例；而目前有百分之五十的民眾自行每日測量體溫，以此假設全台人口皆接受體溫測量，則可推算在最理想的情況之下，最多每天可再找出另外一半（即三人）SARS 可能病例，其篩檢比率為兩千三百萬分之六，即千萬分之二點五，然而因比率過低，其成效難以驗證。

要透過全民量體溫運動，篩檢出潛藏的 SARS 可能病例，除非有人『發燒不自覺』、『自覺發燒卻未就醫』、『就醫後未被篩檢出來』，但這三個情形同時發生的機率

極低。揆諸實際情形，全民量體溫運動自六月一日起跑至今，已有三天，但經由此一管道所篩檢出之 SARS 可能病例卻掛零，相當於全民做白工，大家每天量體溫的動作，圖心安的成份可能還比較高。不管村里長是以『姜太公釣魚，願者上鉤』方式定點等候，或是積極地四處追著村里民跑，要以全民量體溫運動來篩檢 SARS 可能病例，機率可不比簽中樂透頭彩的五百二十四萬分之一容易多少。即使目前在主要公眾出入場所，皆有測量體溫之關卡，但若發燒者在路上趴趴走，只要不經過這些體溫檢查站，一樣抓不到，全民量體溫運動形同大海撈針。

儘管全民量體溫運動是想以堅壁清野的手段，抓出殘存的病毒，但這必須建立在防疫網完全無漏洞的前提之下，才會有理想的功效。就此，筆者認為，抗煞重點不在配合測量體溫的多數健康民眾，而應集中有限的人力物力資源，鎖定從疫區回國者、遊民、榮家、安養機構及醫療機構等高危險群，加強清查與追蹤工作，不能漫無目標、散彈打鳥，否則不僅徒然耗費社會成本，也量不出個所以然。」

除了時點的確切掌握外，計劃時程的管理也同等重要，為有效掌控計劃時程，計劃評核術為一常被引用的技術之一。計劃評核術（program evaluation and review technique，PERT）為一種從事計劃作為，並從中予以評估、查核與回饋的一連串過程。計劃評核術利用網狀圖（network）來呈現整體計劃作業，在網狀圖中可以清楚瞭解計劃作業的起始和終結，各作業間的相互關聯性，也可

明顯顯示何種作業為整體工作的瓶頸，並能方便推估各計劃作為所需的時間。利用計劃評核術從事計劃作為概可區分為下列八大步驟：決定工作性質與目標、分析工作所需的作業、分析各作業間的相互關係、繪製網狀圖、估計各作業所需的時間、確定關鍵路徑、製成行事曆、反饋及修正（謝文全，民82）。

第四節　理想計劃作為模式之建構

　　綜合上述，可知計劃作為之重要性，其既影響民眾的權益，也攸關機關本身的生存發展，如就危機處理作為而言，也必須週延合理的規劃，才能從容不迫因應各項變局。茲綜合前述學者專家的主張，及筆者從事實際策略規劃作業經驗，認為理想的計劃作為模式必須具備：

一、健全計劃組織，尊重專業人員的專業判斷與自主性，避免部屬對長官意見的絕對服從，或是長官的看法掩蓋了專業知識的權力，以強化計劃組織運作專業化：

　　計劃是在處理前瞻性、變動性之待解問題，屬高難度工作，非講究專業化不可。組織運作專業化內涵之一為組織各項事務由擁有專門知識的人員來擔任。因此組織領導人員不可過於彰顯自己的權威，相反地，應遴選具有專業知識者來從事計劃工作，並尊重該等計劃人員的專業判斷與自主性，摒棄下對上的絕對服從，或是長官的看法掩蓋了專業知識的權力的作風。

二、落實民主式領導，鼓勵多元參與，促進意見溝通，以
　　強化計劃組織運作民主化：

　　（一）落實民主式領導：應摒棄既有的官僚、制式傳
　　　　　統及軍式化管理觀念，在消極方面，不過於強
　　　　　調個人主觀看法；在積極方面，以分權式的運
　　　　　作代替集權式的領導作為，提供機會讓部屬有
　　　　　參與討論及提供建言的機會，並尊重計劃人員
　　　　　意見，以集思廣益並鼓勵創新，進而增加部屬
　　　　　工作動機及對組織的認同感。

　　（二）鼓勵多元參與：應加強鼓勵組織成員分享決策
　　　　　的作法，對於任何一項計劃的決定，宜經多元
　　　　　參與及共同商討後再作成定案，以改善組織氣
　　　　　候及決策品質，激發部屬工作士氣與動機，增
　　　　　進團隊精神，減少對革新政策的抗拒。

　　（三）促進意見溝通：應用心營造民主化之組織氣
　　　　　氛，提供多重的溝通管道，兼顧正式溝通與非
　　　　　正式溝通途徑的暢通，以利各項資訊的傳遞，
　　　　　使計劃人員能透過溝通獲得必要的資訊，以方
　　　　　便計劃作為與決策制定。

三、澈底檢討未能有效因應社會變遷調整政策作為之現象，
　　以建立組織開放系統觀念，進而主動察覺社會變遷，適
　　時調整計劃作業頻率，以強化計劃組織開放策略：

　　（一）澈底檢討未能有效因應社會變遷調整政策作為
　　　　　之現象，建立組織開放系統觀念：根據心理學
　　　　　的研究，顯示觀念將主宰行動，所以計劃人員

必需明知政策深受社會環境變遷影響之事實，進而建立組織開放系統的觀念。

（二）適時調整警計劃作業頻率：引進快速環境掃描技術及策略計劃作為——即廣泛建立多元資訊網路，並加強運用需求評估法、時間序列技術等，以不斷蒐集外在環境變遷事象與趨勢，適時從事計劃作業。

第五節　理性計劃作為之限制

　　歷次的選舉，不同的政黨常能獲得一定的基本票數，俗稱「死忠票」，此一行為如從人類理性探討，可說是非理性行為。原先讚賞的政治人物，其行事風格、政策作為等，明顯犯錯且違背了公共利益，但常見部分選民為其找藉口，予以行為合理化，亦非「理性」所得以解釋。

　　當學校面對天災意外造成的危機，通常僅止於「事實行為」的因應，較少涉及「價值判斷」的決定，果如此，即無探討「有限理性」思維的必要。倘若學校面臨危機處理需透過理性思維的價值判斷，但主其事者卻「蓄意為惡」不按牌理出牌，因係「蓄意」，也就不在所謂「有限理性」思維探討的範疇。綜前所述，必當學校面臨危機，主其事者極其認真，力求思慮週延，冀能有效解決問題時，或因欠缺資訊，或因個人條件因素，致未能如其所願，究其原因或許是受到「有限理性」思惟的禁錮，導致出現危機處理作業上的盲點。

社會系統理論與決策管理理論,概都從鉅觀觀點探討處理危機事件的組織架構和功能的整合,而「認知理論」係從微觀的角度來探討處理危機決策者的認知與決策過程。該理論強調「危機決策」在危機管理運作中占有舉足輕重的份量,而危機決策又常受限於決策者的心理認知,亦即決策者的心理認知為危機處理的根本。換言之,危機管理不僅限於組織架構和組織功能運作而已,更應注意的是組織成員的對危機事件的理性認知。

Simon(1993)曾提出「有限理性」(boundary rationality)的主張,認為人類想運用「絕對理性」(omniscient rationality)來從事抉擇作為,在事實上是辦不到的。Simon(1993)更進一步說明「決定」是一項經由理性(rational)或非理性(non-rational)甚至是反理性(irrational)決擇的一項錯綜複雜的歷程。Simon 分別從「決定行為」及「決定行為者」兩項層面來闡釋有限理性的真諦。就決定行為層面而言,欲做絕對合理性的抉擇之前,必須有完整充份的資訊,但在實際上所得的資訊經常是零碎不全的;另就決定行為者層面而言,決策者常受到個人學養知識、價值觀、行為習慣、認知極限或無意識的反射動作所影響,而無法做到絕對理性的抉擇。Sergiovannie 和 Carver(1980)等引用 March 等行政學者的研究結果,認為合理性的限制不僅存在於上述「決定行為」及「決定行為者」兩項層面而已,其他如行政組織及環境系統也對「決定合理性」產生不同程度的限制。換句話說,March 認為大外圍環境的混沌狀態(ambiguity)大大影響到合理性的抉擇作為。

計劃與決定之內涵雖然未盡一致，但計劃與決策（policy making）或決定（decision making）三者本就沒有明顯的區分（OECD，1977）。Knezevich（1968）引用DanielE. Griffiths的見解，認為決策之主要活動包括認識與界定問題，分析評估問題，設訂評估標準，蒐集資料，選擇方案並付諸實施等項，究其內涵與計劃作業活動相似。賴維堯（民 81）也認為行政機關制定政策並非只是單純的決定而已，其實應為動態的規劃過程，亦即包含 Simon 所謂的情報（偵測環境及蒐集資訊）、設計（發展及分析可行方案）、抉擇（選定較佳方案）之三項活動過程。因此在決策過程中一向非常重視的抉擇作為之原理原則，在計劃過程中亦被奉為圭臬。

Simon（1961）認為決定是從兩種以上之可行方案中，作一最佳選擇的行為。不能否認的是，計劃過程中，少不了決定的行為，這並不意味計劃人員擁有方案之最終選擇權，而是計劃人員針對資訊之取捨、計劃技術之遴用、方案之設計等，在在包含了決定行為之運作，無怪乎謝文全（民 77）指出：計劃是一連串決定的組合，沒有決定，計劃就不可能進行。黃昆輝（民 78）指出，計劃實質上就是一項或一組決定，亦即一系列的決定。郭崑謨（民 80）更直接指出，決策為規劃之核心。質言之，計劃之特性之一為連續不斷的針對各有關事項做合理的抉擇。

計畫的內容必須與所欲解決的問題及欲達成的目標之間，有相當程度的因果關聯，並契合大環境系統的脈動，如此才能適切可行，於執行上也才能發揮應有的效率和效

能。此種理想之計畫，有賴作業歷程中，透過合理的邏輯思維程序來建構，因此計劃可說是理性取向的作為（高孔廉，民 80）。不過，從計劃的歷程或成果來看，不論經過多麼縝密的系統思考，仍然會因人類智慧的缺陷或資訊之不足等因素，致使計劃無法達到絕對完美之境界。茲就理性計劃作為之限制因素探討如下：

一、選擇性認知：個體常以不同的「向度」與「焦點」做選擇性的認知，熟悉度、新奇度、重要性三者可能較易引起注意。認知的結果豐富了個體的內在資訊，並累積成為解決問題的知識。但因認知摻雜了個體的主觀性，可能該抉取的資訊反而疏漏，致影響理性思維的完整性。影響認知選擇性的因素，包括個體的生活經驗與環境、個人的智慧與學習、個體的人格特質。從一般國人及從事旅遊業或相關產經人員，對台灣向世界衛生組織申請從旅遊警示區除名乙事來看，極有很顯著的認知選擇性，前者重視全民防疫是否真正落實的資訊，而後者可能較重視除名已否的相關報導。國內部分民眾互有排斥某報為「統派報」、「獨派報」而堅拒閱視，充分印證傳統經濟學理論所謂的「偏好決定行為」，孰不知知己知彼百戰百勝，各報報導取向固有不同，但如能全般掌握訊息，必然較為分辨真偽。

二、月暈效應（halo effect）：所謂月暈效應，係指以當事人「單一」或「少數」的行為表現，概括評價其總體能力或總體表現，以致常造成過高或過低評價的失

真現象。比如學校老師總認為學業成績較好的學生，其品操也較好。又如單以當事人的「忠誠度」較高，即認定必為棟樑之才而加以重用，但結果卻証明該人愚忠有餘，才氣不足。或謂某人活潑外向，必是公關人才，結果証明其交往廣闊沒錯，不過係長袖善舞並非用於正途。再如民主時代的選舉，選民很容易以候選人的「辯才」，擴大對候選人的評價等，都是月暈效應的明証。

三、意識形態（ideology）：所謂意識形態，原本係指某一次級團體所堅持的一套基本思維模式。但因意識形態具有指導、支配、規範個體行為的作用，因此假如某一次級團體有了偏執或不切實際的價值主張，將對事情的論斷、人才的選拔、政策的決定等，有不利的影響（洪雲霖，民84）。

　　在文官任用體系裡，隨著時代的演進也呈現出不同風貌的意識形態，早期人事的任用或許著重於革命性、政治忠誠度、出身背景；之後復有認為進修將嚴重影響敬業精神的表現；又如曾有大力提倡「酒量即工作量」的喝酒文化論調；再如認為任何一項職務的晉用都須講求形式資歷的完整，而忽視實質能力表現的立論。凡此根深蒂固的意識形態在人事升遷作業上都呈現出具有決定性的影響力。

　　再以不論贊成或反對護照封面加註「台灣」兩方來看，恐皆難脫意識形態作祟。外交部每年平均發出一百五十餘萬本護照，九月一日發行新護照後，由於

新舊護照並用期長達十年，到九十二年九月一日止，流通在外的護照估計約近千萬本，九月一日以後，將有或封面、或效期不同的護照在外流通。因此，團體旅行時，同一行程的國人持用不同封面護照的機率相對增高，對於他國海關或航空公司來說，以往的工作只要辨識台灣與中國護照不同，現在則是要辨識來自台灣的有效護照有兩種，極有可能誤解並行的兩種護照中，有一種是偽照。

中央研究院院長李遠哲曾說：「任何政權──不管是集權、威權或民主──無不希望透過教育模塑符合其意識形態與行為規範的公民，只不過有的在手法上表現得較直接和露骨，有的則較迂迴和間接而已，此之所以學校在傳道、授業、解惑之餘，也被視為意識形態國家機器之一。教科書是最常用來承載意識形態的工具──這裏所說的意識形態不單只限於政治方面，也包括了種族的、性別的、階級的、宗教的等等，而由政府所統編的教科書最容易為當權者所利用，這樣的例子不勝枚舉。」

台灣地區每逢選舉即有所謂「靠邊站」、「立場分明」，究其實即是意識形態的具體表現之一。2004年總統大選期間，社會質疑第一家庭誠信問題中的陳由豪究竟有無與吳淑珍會過面一事，人證之一的立委沈富雄出面召開記者會說明會後，翌日國內三大報的新聞處理或可作為分析所謂「立場即意識形態」的絕佳佐證。中國時報及聯合報分別以頭版頭條登載：

「沈富雄：見過扁嫂，也許記錯；吳淑珍：記性很好，請尊重我」、「沈富雄：可能去過官邸；吳淑珍：相信自己記憶」。而自由時報對這則新聞的處理卻登載在第六版，標題為「沈富雄：十年前我是無辜旁觀者」。

四、環境的變易與資訊的不充份：急遽變遷的系統，社會脈動與時代走向的掌握殊屬不易，尤於危機事件發生前後更甚，其帶來的壓力甚多，包括「緊急性」，危機事件的發生往往出乎意料，時間緊迫；其二為「競爭性」，危機事件關係著組織或個體的生存發展；其三為「紊亂性」，危機事件經常伴隨著許許多多干擾因素，交相錯雜，真相難明；其四為「複雜性」，危機事件因關乎組織或個體生死榮辱，其中夾雜著各派利益、勢力雜陳；其五為「衝突性」，因相互競爭角力、利害雜陳難分，自然難以一致，衝突四起（張世賢，民78）。

環境不確定性本質上即是無法有效估計事件發生的機率值，且缺乏事件因果關係的相關資訊，更難的是無法預先決定可能的結果如何，附帶的資訊的完整性也付之闕如。欲做理性的判斷與決定，完整的資訊是重要依據之一，否則可用的資源、相互影響的因素、利害輕重緩急、事實真相等即無法掌握釐清，即便再簡單不過的記者會發言，都將嚴重失言失態，九十二年六月十四日晚十一時四十分，抗SARS總指揮李明亮、衛生署長陳建仁、疾病管制局長蘇益仁連袂

出席記者會，陳建仁眼角泛著淚光，情緒激動宣布申請從旅遊警示區除名失敗。不料事過半小時後，衛生署緊急聯絡各報記者，表示稍後要再召開記者會，十五日凌晨一時，防疫三巨頭再度現身，陳建仁改以喜悅的臉色，宣布世界衛生組織把台灣從旅遊警示區 C 級提升到 B 級。聯合報十五日曾以「壞消息變成好消息，資訊怎麼差這麼多？」為題訕笑。

五、標準作業程序（SOPs）的羈絆：組織為了完成其目標，表現高效能，需要透過標準作業程序引導組織成員採取一致的行動。由於程序是「標準的」，所以不可能迅速地或輕易地改變。沒有這些標準程序，預定的工作不可能進行。相反地，正由於程序是標準的，許多組織行為顯得過度的形式化、遲鈍和不適應環境的變易。且大部份的 SOPs 深植組織的各種結構和規範中，根植得愈深，抵抗 SOPs 的改變就愈大。習慣於官僚制度的人，會發現改變他們對於政策的取向很難。縱使環境已經改變，新的計劃有不同的要求，可是他們依然參照慣例和過去的作業方式處理。

六、權勢的傲慢：在高威權體制的組織氣候下，服從被視為天職，一言堂的迷思難以容納多元意見，絕對的權力產生絕對的腐化、官大學問大等各項負面的評價，在在說明擁有權勢者的傲慢，而此等傲慢的作法，適足以矇蔽理性的思維與決策。九十二年三、四月間，SARS 疫情在廣東、香港、新加坡等地肆虐，我們政府不僅疏於以各該地疫情為借鏡即早規劃因應，而自

詡醫療水準得以確保「三零」紀錄。

七、實驗室式的設計思維：設計與執行必須前後呼應，尤其在執行層面，常需因應社會各種不同的環境系統變化與影響，因此在設計規劃之初，即需充分考量各影響變項及各變項間的交互作用，但在有限理性思維下，實驗室式的思維模式卻屢見不鮮，造成政策執行上的扞格。九年一貫教育所倡導的七大領域教學，未顧及師資能力的考量，致引起多數教師的反彈。多元入學方案，未將長久以來的士代夫觀念納入規劃影響變項，其成功機率必打折扣；再如責由各校自行甄選師資之作為，考量各校需求差異，原本立意甚佳，但輕忽國人中飽私囊、拍馬逢迎之官場惡習，以致甄選不公處處可聞，或以索賄賣官、或以人情循私等不一而足，假如能潔身自愛者，也不無引為煩人的壓力。九十二年六月二十九日與七月三日聯合報自由論壇，賽夏客以「教師甄試，我陪校長老公夜夜逃家」為題，道盡其中辛楚；黃慶祥以「校長，把關說教師除名」為題，說明要杜絕關說不易，都可用來佐證實驗室式設計思維的不當，茲各引錄其文以供參考。賽文如下：下班回到家中，最享受的生活方式就是換上一套居家服，悠閒遨遊在書報中，直到眼皮下垂，自然進入香甜的夢境裡。然而，最近幾天，晚飯後，必須跟在他校任校長的老公離家出走去夜遊，講坦白一點就是逃難去。因今年教師甄試季節快到了，他的學校比別人多些教師缺額，造成他整日耳根不得清靜。連

晚上也有突然造訪的客人，這種紛擾的日子可能要延長到教師甄試完畢。今年具有教師資格的老師，跟實際教師缺額落差太大，僧多粥少，聽說苗栗缺額較多，紛紛湧過來。每個人都把頭削尖來擠，利用上級長官、民意代表、地方關係人等等進行關說。他們迷信校長握有絕對的權力，要聘誰就可以聘誰？顯然錯估形勢，他們採取「死纏爛打」的方式有之，採取「毛遂自薦」有之，採取「親情感召」有之，還有更多人不得其門而入，只好存著碰運氣的心態罷了，教師取得那麼沒有尊嚴，那麼無奈，實在該檢討了。大家都關心社會失業問題節節上升，政府不得不採取操短線的方式，安排中老年失業的人，進入機關學校打雜，為期一年，暫時消化了一些無業遊民。現在全國有教師資格卻無法取得工作權的流浪教師為數不少，他們失業的嚴重性並不亞於中老年人的情況，他們都是有理想的年輕人，沒有工作怎麼結婚？沒有工作怎麼規劃人生？政府是否做好準備，如何安置他們？否則這一大票高知識分子生活怎麼辦？原本我可以不必陪我先生「逃難」去，可以不必到外面「餵蚊子」消磨時間，但是留在家裡看到一個個優秀的準老師，似乎用一種祈求無助的眼光，想要從校長身上得到一點點承諾或機會都不可得，實在是愛莫能助，心裡感到萬分難過與不捨，看到他們就想到自己的孩子，明年即將畢業投入就業市場，將免不了面對強大對手的競爭。如果有機會，參與競爭的行列是無可厚非；但如

果機會非常渺茫時，競爭的最後只是頭破血流啊！辛辛苦苦栽培孩子到大學畢業，卻不能讓他們施展理念，未來孩子的希望在哪裡呢？更別讓做校長的人難為吧！黃文如下：六月廿九日民意論壇有讀者投書指出，教師取得那麼沒有尊嚴，那麼無奈，實在該檢討了。深有同感，問題是：誰該檢討？別以為大家都喜歡（事實上，沒有人喜歡）請人關說、請託，甚至送錢行賄，這些準老師們也是不得已的呀！君不見，自辦甄試的學校，錄取校長自己兒子者有之，互換校長兒子錄取者有之，長官打電話交代校長者有之，至於牽親引戚、價格行情等種種傳聞，亦不絕於耳，這叫一般考生如何對自辦的公平性不產生質疑。本縣本來要求各校自辦，後由「一群沒有背景的考生」聯合表達嚴重抗議，才採委辦（聯合招考，較具公平性）、自辦並行，質因在此。國中如此，高中、職甚至大學何嘗不然？如果選舉時，大家都不投票給賄選的人，賄選的人一定落選，那麼，保證以後再也沒有人敢賄選了。相同的道理，如果每一個校長都拒絕關說（甚或收紅包），並且把託人關說者無條件剔除（已違師道尊嚴），保證以後再也沒人敢再關說了。問題是，我們所有的選民及校長有如此崇高的道德品格及道德勇氣嗎？

八、系統壓力：前列七項或為規劃決策者下意識的活動，或為規劃決策者不易知覺到的限制因素，除了這七項之外，規劃決策者易以知覺但又不得不受其左右的因

素為來自各次級系統的壓力。茲以台北市國中學區劃分主持事者的決策心歷路程為例加以說明。台北市國中學區劃分為基本學區、共同學區、大學區三種。基本學區以保障學生就學、均衡學校發展、依據各校容量、顧及學生通學、配合社區發展、調適班級人數、參考各方建議等七項作為劃分原則。但每在相關學區劃分作業上，有主其事者來自「堅持教育理念」的自身內心壓力，有來自學生家長疼惜子女心聲而要求變動學區的壓力，有來自學校校長及教職員工為維護學校永續發展而提出與學生家長相對立要求的壓力，有來自民意代表強烈干預行政的壓力。主持事者面對同時而來的諸多系統壓力，很少有不屈服而改變原先堅持理念的初衷。

第六節　計劃實作

「光說不練」常拉大「認知」與「實作」間的差距，在研習有關計劃作業的相關理論後，必須就學校可能面臨的危機事件，從事週詳的因應規劃實作，否則無以為功。無論從事涉全國重要公共議題來看，如九十二年七月間宣騰全國的教改爭議事件，或從學校單一事件來看，如台北市蘭雅國中甄選體育教師作業被指不公案件而言，其中原委或不止一端，但「計畫欠週詳」之因素，恐皆難脫干係。此外，如公務人員休假使用國民旅遊卡消費之規定，有關消費範圍如是否可購買金飾、電器用品、通訊器材、

視聽用品、鐘錶、眼鏡、電器、一般家具、和攝影器材等，半年時程不到，數次更易，搞得公務人員無所適從、怨聲載道，伴隨的對政府施政的隱定度提出質疑，恐非主其事者所樂見。

　　茲試以學校危機處理因應作為為題，有關計畫實作的內容計包括下列十項：計畫名稱、計畫依據、預期效能、狀況分析、人員編組、任務分配、後勤支援、協調指示。

一、計畫名稱：利用名稱將計畫內容簡要予以界定清楚，但如涉及機密，可以代號取代詳細名稱。如台北市立永吉國中校園危機處理作業要點、台北市立永吉國中幫派滲入校園危機處理作業要點、台北市立永吉國中校園性侵害案件處理作業要點。

二、計畫依據：敘明從事規劃案之相關法律或規定。如教育部相關函示、台北市政府相關函示等。

三、預期效能：評估該計畫實施後可達到的預期效能，並盡可能以量化表示，以做為計畫實施評量之準據。

四、狀況分析：分析執行該計畫時各項有利或不利的條件及因素，包括學校環境系統、學校人員組織及財務狀況、既往相關案例、可用的社會支援等。

五、人員編組：將學校教職員工按照個人專長及原有職位，做一妥善靈活的調度編組。如有可用的社會支援，可納入編組考慮。

六、任務分配：按個人的職位編組賦予應有的任務。

七、作為規定：詳細規範各項因應作為流程、報告紀律、分工事項，如有必要可以標準作業流程加以附發。

八、後勤支援：計畫實施所需之車輛、通訊及各項財力、
　　物力等。

九、協調指示：其他一切指揮調度相關事宜，如指揮代
　　號、通訊密碼。

十、附件：相關在主計畫未能涵蓋之資料、圖表或子計畫等。

組織病態與危機處理

第四章　官僚病態與權變策略

　　二十世紀中葉以降，組織團體發展日益蓬勃，大量擴增組織成員以處理紛雜諸事。為講究分工、協調，各種組織理論乃應運而生，其中韋伯（M. Weber）所倡行的官僚體制（bureaucracy）無異為各級行政組織中最為常見的一種，但推行以來，利弊互見。「Adventure Capitalist－資本家的冒險」一書作者 Jim Rogers（量子基金創辦人）曾於一九九九年到二〇〇一年間，完成駕駛二十四萬五千公里，遊歷一百一十六個國家的壯舉，其中一站為印度，據 Jim Rogers 轉述印度官員所說，他的車子要申請入境該國，根據法律規定，要逐一向九十四個單位申請。此一官僚作風讓 Jim Rogers 洞見印度經濟發展牛步化的必然。

　　科層體制之被採行，層面既廣、期程又長，然其所衍生之組織病態也屢見不鮮，因此在面臨危機事件的當下，科層體制的運作恐難適切有效的因應。職司其事者必需培養權變思維，運用權變策略，才足以應付瞬息萬變的危機發展。

　　本章在第一節中，列舉四則實際案例用以說明官僚體制的弊病，其中尤以所謂的「官僚殺人」最為社會大眾所不齒。其次在第二節中，詳細論述科層體制的特徵及其七大弊端。在第三節中，分別從科層體制、鬆散結合結構、

雙重系統結構等不同向度，探討學校組織類型及其病態。在第四節中，探討權變策略作為，因為科層體制所衍生出來的弊端容易造成組織的危機，即或不然，在因應危機事件，科層體制的運作有時而窮，必須假以權變作為以補其短。而所謂權變策略，包含領導管理、組織結構、組織職權、組織運作、成員工作心態，都需要有權變的思維和策略。

第一節　案例舉隅

案例一：

　　聯合報九十二年七月二十五日社論有謂（節錄）：教改慘敗的原因亦在此。李登輝強大的政治力，加上李遠哲無以倫比的道德形象，結合成一股沛然莫之能禦的民粹威勢。這股沛然莫之能禦的威勢，霎時間就將政治責任機制完全解構，更使所有的教師都噤若寒蟬；終於端出一套在人性面、社會面及技術面出現嚴重盲點的教改方案。不說別的，建構式數學一直到實施六年之後，教育部才開始公開准許背九九乘法表；奇怪的是，六年之間，政治力居然能將二百餘萬學生、四百餘萬家長及十數萬教育工作者的嘴巴完全封住，相對意見竟然沒有一丁一點宣達的空間。由此可見，教改失敗，主要原因之一，正是政治力扭曲了社會自救自療的機制！

案例二：

　　聯合報九十四年元月廿四日社論，沉痛地指出「這真是台灣很痛苦、很羞恥的一天」。因為遭受醫療體系遺棄的邱小妹妹終究沒能撐過難關。該社論指出鑄造這次悲劇的過程中，從下重手的父親開始，到知覺邱小妹遭遇卻自認愛莫能助的其他家屬，站在第一線上卻怠職的醫師，緊急應變中心缺乏警覺的工作人員，眾多醫院中推拖病床習以為常者，乃至於在邱小妹被毆時覺得事不關己的旁觀者……，多少原先應以護持生命為職志的人，未能警覺「人命關天」的嚴肅意義，一時間的冷漠卸責、怠忽散漫，累積起來扮演了殺人兇手的角色。

　　此一事件大踢人球的醫療體系遭到空前的指責與唾棄，社會大眾有謂「官僚殺人」，似不為過。

案例三：

　　九十四年二月初，宋品傑與施素真駕車在花東公路玉里附近發生對撞，造成施素真五個月大的兒子江豐佑不治。重傷的宋品傑從玉里轉院到花蓮門諾醫院後，前後三度遭到不明人士圍毆，並被強載到花蓮市立殯儀館找來其老母當面痛打，造成重度昏迷致形成腦死。宋品傑因車禍案在醫院遭毆打，醫院及家屬共三度向花蓮警察分局美崙派出所報案，警方未適時處理防範，意外連續發生，引起社會各界強烈質疑和指責。

案例四：

　　筆者服務機關每日晨報結束時，職務位階僅略次於首長之幕僚長，隨即起身開門恭候首長離席。表面看來，似為一謙謙之士，舉止體貼入微。然若深層加以探討，於公事表現上，恐怕皆以首長馬首是瞻，唯唯諾諾、事事是是，難得有自己的主張，或持不同的見解。如此是否驗證了官僚體制中，權威的層級節制下，因過於強調服從的標準化行為，而形塑高度服從與紀律性的人格等質，等而下之在潛意識裡，盡是逢迎拍馬、阿諛諂媚之能事。

心得分享：

　　綜覽上述案例，得知組織成員太過於講究監督與服從，則容易落入被支配操控的窠臼，而斲傷自省及創新的能力。然而縱觀國內，欺下瞞上、鄉愿奉承之官場習氣似乎自然且廣泛地被形塑，並充斥在科層體制的層層節制運作下。

　　另兩則案例中，充分顯示所謂「官僚殺人」的醜態。按理說，醫院是救人的場所，醫師以救人為天職；警察機關也是為保護良民而設。但曾幾何時，兩者因組織成員的不健全，或組織運作出了毛病，都未盡到應有的職責，而受全民的撻伐，這不正是官僚病態造成重大危機的成例嗎？我們不妨拭目以待，看看台北市政府高層及警政當局，是否真誠地設法解決該等不利民眾的危機？還是玩弄些高明把戲，矇蔽民眾的耳目而已？

第二節　科層體制的特徵與病態

　　舉凡學校、教育行政機關、警察治安機關，當學生或所經管事務愈多，則所需師資或行政人員也就愈多。要求眾多的師資或行政人員能按部就班有條不紊地施教或職司權責，必需要有一套有效的管理機制，否則難以齊一步驟以竟事功。在眾多的管理機制中，韋伯（M. Weber）所倡行的官僚體制（bureaucracy）無異為各級行政組織中最為常見的一種。以台北市政府教育局為例，其組織架構為局長、副局長、主任秘書，之下再分設八科、八室各有所掌，依法行政、層層節制，為一典形的科層體制。八科八室的業務職掌，分別為職教科，掌理高等教育、職業教育暨教師登記檢定訓練等事項。中教科，掌理中等教育事項。國教科，掌理國民小學教育事項。幼教科，掌理幼兒教育事項。特教科，掌理特殊教育事項。社教科，掌理社會教育事項。體衛科，掌理學校、社會之體育及衛生、保健等事項。工程科，掌理市立學校、社會教育機構等用地取得與財產管理事項及市立各級學校、社會教育機構營繕工程設計、規劃、發包、監造之事項。祕書室，掌理事務、文書、出納及不屬於其它科室事項。資訊室，掌理行政電腦化及協同各科室辦理資訊教育事項。軍訓室，掌理中等以上學校軍訓及護理事項。督學室，掌理各級學校及社會教育機關之指導考核及策進等事項。會計室，依法辦理歲計、會計、帳務檢查等事項。統計室，依法辦理統計事項。人事室，依法辦理人事管理事項。政風室，依法辦理政風事項。

組織病態與危機處理

　　教育局因應繁多的各類教育事務，分設八科八室各有職掌，即為職能分化中的水平分化，建構不同的部門以處理各類不同的教育事務。職能分化中另一項的垂直分化，旨在建構不同的管理層級，如置局長、副局長、科長、股長、科員等是，以達到分工及層層節制的目的。

　　韋伯（M. Weber）所倡行的科層體制，具有下列特徵。其一為職位分類分層，因組織業務繁雜不一，如國教科業務與工程科業務性質迴然有別，非學有專精難以勝任，因此國教科、工程科各置有科員、股長、科長等不同職位，以擔任各不同職務工作。其二為權威式的層級節制，科層體制講究行政一體的關係，上級長官有指揮督導所屬的權力，下級屬員有服從上級長官命令的義務。公務員服務法明文規定「長官就其監督範圍以內，所發命令，屬官有服從之義務」即為一具體規範。其三為理性關係的維持，組織權力的運作與關係的聯繫，不能因人設事，摒除個人主觀的好惡。其四為法規與章程的建構，以作為組織「依法行政」的準據。其五為永業化的取向，組織成員經進用後，有一定的薪資待遇與相關福利，且有一定任期的工作保障。

　　然而上述各項特徵或係理想中的建構，付之實際或因執行不當，或因鄉愿成習，或因人謀不彰，或因立意過高，科層體制於運作實務中衍生諸多弊端。

　　其一為「官大學問大、下屬事事請示」，此乃導因於不當的層層節制效應。因實施層層節制，長官有權監督指導下屬，但有權未必有能，身居上位的長官就其能力而論，未必樣樣事務都較下屬來得嫻熟。然而常見的是有功

時歸諸長官領導有方，有過時則諉諸下屬工作不力，如此久而久之自然形成官大學問大，不務實際功能的窘態，而下屬為求自保也就事事請示，較難積極勇於任事。

其二為「官樣文書、目標置換」，此乃導因於講求遵循相關法令規章的形式規範，卻忽視法令規章所規範的實質立意。如各機關因層級過細過多，致各項文書的處理，由下到上層層蓋章，密密麻麻，粗看之下，令人以為「蓋章」就是在辦公事。又如員工依規定上下班準時打卡，但工作績效不彰；巡邏員警依規定簽註巡邏箱，但卻忽視巡邏線上不法歹徒之活動。再如機關為各項業務，策訂了琳瑯滿目的計畫書，但結果卻多束之高閣。

其三為「本位主義、老大心態」，科層體制部門分化各有職掌，就各部門而言有了專業，但對其他相關部門資訊的視野卻相對窄化，加上為求各單位生存發展，以致衍生維護自己的本位主義盛行。

其四為「形式主義掛帥、績效造假成風」，科層體制講究「控制」、「順從」、「績效」之層級節制關係，以致各項行政作為容易流於形式，且捏造不實的績效。如民眾要求加強交通執法，以利道路順暢。執法單位即以每月「交通告發單」成長比率，作為交通執法已以強化的託詞。又如民眾期望社會治安心切，警政單位可能以吃案方式來粉飾太平。再如學校辦學績效，常以錄取率高低作為評鑑準據，無一不是形式主義掛帥。

其五為「冗員充斥、暮氣沉沉」，科層體制優點之一為對於組織成員的工作保障。但在人事進用、遷調及獎勵

上，或係主官進用私人，或係獎懲不公，或係成員本身不夠健全，常見的是部分組織成員向心力不夠，工作怠惰，形成組織冗員充斥，組織氣氛暮氣沉沉。

其六為「玩法弄權、斲喪公義」，科層體制講究層層節制，組織權力容易集中在握有實權的主管人員中。加上科層體制法令規章繁瑣，法規術語艱澀難懂，倘若主管人員人品不正，即容易玩法弄權，置社會公平正義於不顧。

其七為「恐龍式組織領導、末梢神經麻痺」，部分行政組織過於龐大，組織權力又集中在少數人的核心，由少數人來帶動整個組織的運行，常見的是如恐龍般以細小的腦袋瓜，耗力地來拖帶龐大的身軀，而組織底層的成員對於上級核心指令的理解與順從，宛如人體末梢神經般易於麻痺不聽使喚。

第三節　學校組織類型與病態

科層體制的病態確實造成教育組織部分潛在性的危機，同時也造成教育組織因應危機上部分阻力。不過在學校組織方面，因同時併存著行政與教學雙軌運作體系，所以除了科層體制運作的利弊對學校組織運作有所影響外，應就學校組織型態的特性，再作進一步的探索。

魏克（K.E. Weick，1978）研究發現學校各單位間或老師與老師間或老師與教育行政人員間的關係，不同於科層體制中有嚴明的層級節制，學校各成員間仍保有相當的自主性。茲以學校組織運作與典型的科層體制相比較，發現

有下列諸點不同。其一為學校的組織目標較不明確，學校常以「改善教學品質」、「改善學習環境」、「德智體群美五育並重」等作為努力的目標，但其評量的標準甚難具體予以量化。其二為家長會參與學校事務的管理，而家長會的組成分子流動性大，成員對教育專業的瞭解也參差不齊。其三為學校規範教學活動的相關法規不同於行政機關的嚴謹。其四為學校教學系統實質上無法做到層層節制的要求。因此魏克（K.E. Weick）倡議以「鬆散結合理論」（Loosely coupled systems）來描繪學校組織型態。所謂「鬆散結合理論」的內涵為，組織內部單位與單位間並非緊密的結合或受一定程度的控管，成員權力的行使亦非受限於上級的指揮監控，而仍保有自己揮灑的專業空間。

　　各級學校的主要任務在於從事教學，且基於行政支援教學的理念，因此教學系統為各級學校之主，而行政系統為輔。梅爾（J.W. Meyer，1983）曾就教學與行政並存的現況提出「雙重系統理論」（Double systems）的論點。其要旨為：學校體系內並存著教學部門與非教學部門，教學部門呈現鬆散結合的型式，非教學部門呈現科層體制結構。教學部門講究專業取向，而非教學部門講究監督與服從取向。而此兩項系統又容易形成官僚與專業集團的對立。

　　不管從魏克（K.E. Weick）的「鬆散結合理論」（Loosely coupled systems）或梅爾（J.W. Meyer）的「雙重系統理論」（Double systems）的論點來看，學校以教學系統的運作為主，社會各界也都較看重教學系統的運作，然而不幸的是，學校危機多數產生自教學活動，如因管教

衍生的師生親緊張關係，教學活動中之安全問題等是。而
因應危機及處理危機又非光賴教學系統本身得以竟事功，
反而常需依賴學校整體行政系統的運作。果若如此，就危
機處理的立場以觀，學校行政系統有否指導或監督教學系
統的權利？或是講究教學系統與非教學系統分開獨立運作
互不相屬為宜？

第四節　權變策略之形塑與運用

　　集結多數人一齊打拼以達成一定目標時，其基本要務
便是有效的分工，因此，分工的多數人集結在一起，便形
成了組織的雛形架構。組織愈趨複雜，則水平分化與垂直
分化將愈趨完整。水平分化著眼於部門的專業分工，而垂
直分化則在確定組織指揮體系、組織成員的職權。任何組
織系統依其分化結果，可以「複雜化」、「正式化」、
「集權化」三項指標來加以區分，組織水平分化及垂直分
化越多，表示分工越細、成員距離越遠，其複雜化越高；
組織的運作如有法令規章加以規範，系統有明確的工作說
明書、標準作業流程等，則其正式化越高；組織的決策權
限集中於領導管理階層，不充分授權給下屬，則其集權化
越高。

　　常見的組織架構，其一為「科層式結構」，具有高度
的複雜化、正式化、集權化三項特性，不利於因應快速變
遷的環境系統，科層式結構又可以「工作功能」或「組織
目的」來劃分相關的次級系統，如以「計劃、執行、考

核、後勤、人事」等五大工作主軸來劃分組織部門；又如組織營運為涵蓋台灣地區，依據組織目的區分北中南東四個分公司，而各該分公司內部各自擁有工作功能的次級系統。其二為委員式結構，組織系統成立若干委員會，採取多元參與的決策模式，以收集思廣益之效，並避免權力集中產生決策偏誤之弊。其三為「矩陣式結構」，組織針對某些特殊任務需要，在原有科層式結構中成立若干任務編組，由各原部門抽調人員組織而成，俟任務完成，人員再回歸原建制。

　　承平盛世與危急存亡迥然不同的時空背景，所需的人力、物力及其間的組織運作大異其趣。權變的組織理論延伸社會系統組織理論的觀點，社會系統理論認為組織是與其他社會系統間不斷交互作用，相互交換能源與資訊的動態過程，也因此任何組織所面對的情境絕對是變動不居，組織為求生存發展，基本上必需具備適應及分化的功能，具有動態平衡的趨向，具有控制性的回饋作用。換言之，權變的組織理論強調，當組織面臨危機事件時，必需盱衡整體環境因素，做一適切的權宜之計，而非一成不變。

　　先就不同情境下，有關權變領導作為以觀，費德勒（F.E. Fiedler）認為不同的情境需有不同的領導方式，才能通權達變、有效發揮領導效能。費德勒認為影響領導情境的主要變項有三，分別為領導者與成員間的關係（分好與壞）、工作結構（分高與低）、職權（分強與弱）。該三變項架構出高度控制、中度控制、低度控制等三大類領導情境。其中工作結構，係指工作目標、作業流程、評估

績效標準是否明確。所謂職權則指申斥、減薪、降級、解聘、升遷、加薪、嘉許等領導權威和控制力。經實證研究結果顯示，高度控制及低度控制情境，以「工作導向」之領導效能較高，中度控制情境，以「關係導向」之領導較具效能。

何爾協（P. Hersey）亦主張領導者究採取「工作導向」抑或「關係導向」之領導作為，應以所屬成員的工作意願、成就動機、工作能力、工作經驗等主客觀所形成的情境因素而定。另雷汀（W.J. Reddin）主張領導情境，必需充分考量工作所需的技術、組織文化或氣候、上司的領導型式或期望、同事的期望、部屬的期望等。

豪斯（R.J. House）以部屬的特徵及環境因素兩個變項來界定領導情境，其中部屬的特徵，係指部屬「內外控信念」及「對自己能力的看法」，而環境因素，則由「組織任務」、「權威系統」、「工作規範」等架構組成。實證研究顯示，有效的領導方式分別為對內控型的成員，宜採用參與型領導（強調讓部屬參與，並參考採用部屬的意見來做決定。）；對外控型的成員，宜採用指示型領導（強調告訴部屬該做什麼）；當任務結構明確時，較宜採用支援型領導（強調以平等方式對待部屬）。

如上所述主政者因應不同的時空背景，而調整各種適宜的權變領導管理作為外，有關組織結構、組織職權、組織運作、成員工作心態，莫不都需要有權變的思維和策略。行政院於九十二年四月二十八日核定成立 SARS 防治及紓困委員會，由游院長擔任召集人，下設紓困及後勤支

援（由行政院副院長林信義擔任總督導，分由物資管控組、經濟產業組、外事組、法制及預算組、新聞組、督考組等組成）及防治作戰中心（由顧問李明亮擔任總指揮，分由國防資源組、居家隔離組、境外管制組、醫療及疫情控制組等組成），成員由各相關部會遴派。台北市政府也於四月二十五日成立跨局處的「SARS 防災應變中心」，嗣於六月一日改為「台北市政府 SARS 防治及復原委員會」。以上所述不論係行政院或台北市政府的作為，都是為因應社會重大危機而權變重組機關架構之極佳案例。

各級學校普遍設有危機處理單位以因應危機事件的處理，如設置危機處理委員會，由校長擔任召集人，聘請社區人士和家長委員等擔任顧問群，由學務主任擔任副召集人兼發言人，負責對外發布新聞。下設「警戒安全組」負責偶發事件現場及善後之各項安全維護事宜。「聯絡組」負責校內外之聯絡及對上級機關之通報反映。「醫護組」負責緊急醫務專業之處理。「法律組」提供相關之法律問題諮詢。「資料組」負責各項資料之蒐集彙整。「協調組」負責校內外有關事務之申訴、仲裁、救助、賠償等協調。「防護組」負責防火編組救災工作。

為因應危機處理之權變作為，除彈性調整組織架構外，相關的職權及法令也需彈性規範。Emery 和 Trist（1965）以穩定（stability）和變動（diversity）兩個面向，將環境區分為：穩定而隨機的環境（placid randomized environment）、平靜而集群的環境（placid clustered environment）、干擾－反應的環境（disturbed reactive environment）、遽變的環境（turbulent field）等四種。前於第二章曾探討危機生命循環系統，得知整體危機事件的時程發展既迅速，空間系統因素的變易差異性又大，皆都脗合 Emery 和 Trist 所謂的遽變環境。Kast 和 Rosenzweig（1988）認為因應系統變易的差異，組織運作必須有所調整。在穩定平靜、競爭較少的環境系統下，可採行規格化的運作策略，而當環境系統呈現干擾遽變，富於挑戰時，必需採行機動權變作為。如因應 SARS 疫情，有建議總統頒布緊急命令的呼聲，立法院也適時制定「嚴重急性呼吸道症候群防治及紓困暫行條例」，明定違反各級政府機關規定測量體溫或戴口罩防疫措施，處一千五百元以上七千五百元以下罰鍰。散布有關 SARS 疫情謠言或傳播不實消息，足以生損害於公眾或他人者，處五十萬元以下罰金。內政部制定各警察機關防治 SARS 社區感染警戒管制措施，作為警察機關執行封鎖、管制、警戒之準據。

除了組織架構、職權法令的彈性調整，以因應危機處理事宜外，組織氣候及成員心態能否通權達變，也直接攸關危機事宜處理之成敗。九十四年初，台北市緊急醫療應變中心（EOC，由台北市立仁愛醫院負責）於處理一受虐女童醫療時，不可思議地將女童由台北市千里迢迢地轉診到台中縣梧棲童綜合醫院。醫療改革基金會以「深惡痛絕」四字痛批。該基金會指出，在醫療資源最豐富的台北大都會，竟會出現如此荒謬事件。若連一名重傷女童，大台地區醫療都無法有效因應，若不幸發生大量傷患，那該怎麼辦？又有民眾質疑若是高官權貴要床，很可能就不是

「沒有床」這個答案。當電子媒體大幅報導痛批後，緊接的畫面為馬英九市長參加親民黨議員尾牙會餐時，扭腰擺臀的歡樂狀，看在市民的眼裡，真不知道是何滋味？細究被媒體痛批為「台灣之恥」，及台北市某議員憤怒下將EOC解釋為 eat our citizen 的女童轉診醫療事件，其深層的根結，除了社會欠缺公平正義衍生醫療利益不均等外，EOC 工作同仁及仁愛醫院主其事者，都普遍缺乏權變的思維與作為。

　　輓近所倡行的學習型組織論點，強調組織的溝通如講究繁文縟節，運作模式如保守僵化，面對環境系統如抗拒變遷，組織成員缺乏認同與願景，則在任何決策上恐難脫非理性的窠臼，實在無法因應瞬息萬變的大環境系統。組織學習作法的力倡，其一在於以系統性思考為主軸，掌握環境動態，充分掌握完整的認識，以能有效解決錯綜複雜的難題。其二在於強化團隊學習，經由互動與對話刺激學習的意念，豐富學習的內涵。其三在於建立共同願景，將成員願景與組織願景相結合，以培養成員真正對組織的投入與奉獻。其四在於改變心智模式，改變不當的防衛機制，敞開心胸接納別人的意見。其五在於自我超越，以促使個人學習意願與能力的提升。

　　學習型組織中的學習不可侷限於個人層次，必需將任何個人的學習盡量推廣到團隊學習，並提升到組織系統學習的層次，如此一來，學習的效用才能持久擴大，積極影響組織成員與整體組織。Goh（1998）認為學習型組織是專精於知識的吸收、移轉和創造，並且能針對新知識修正其

行為和見解的組織。Goh（1998）從建構學習型組織的角度切入，研提一套策略性建構學習型組織的模型，如下圖所示：

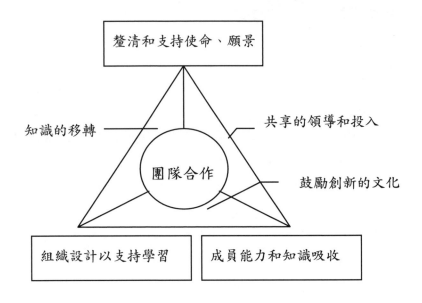

Goh（1998）提出之策略性建構學習型組織的模型

資料來源：Goh,S.C（1998）"Toward a Learning Organization：The Strategic Building Blocks", Sam Advanced Management Journal,63（2））

此模型包含五個核心建構內容：使命和願景、領導、創新、知識移轉和團隊合作，至此核心的兩個基礎則是組織設計和成員的能力，分述如下：

一、釐清和支持使命願景（Clarity and support for mission and vision）：　有一個為所有成員共同支持的使命和願景，是成為學習型組織首要條件，　這也是機關領導人必做的重要工作，惟有如此，大家才有清楚的奮鬥目標和方向，可使組織全體皆產生認同感。

二、共享的領導和投入（Shared leadership and involvement）：在備受社會注目的環境中，員工必須被鼓勵和支持去接受挑戰和變革，因此必須摒棄獨裁式的領導，改採共享領導，鼓勵員工，積極發現問題並全心投入，乃管理者必須學習適應的型態。

三、鼓勵創新的文化（A Culture that encourages experimentation）：組織要激勵員工在面臨新問題時能運用新的構想和知識，即必須鼓勵員工有創新的意願，並能有忍受員工嘗試錯誤的組織文化存在。

四、跨越組織界限轉移知識的能力（Ability to transfer knowledge across organizational boundaries）：知識的吸收及正確的移轉，對學習型組織而言是一項極重要的工作，因為員工要多方參與學習，甚至可能超出自己的工作範圍，如此將有利於跨部門團隊的合作。

五、團隊合作（Teamwork and cooperation）：團隊合作必然是整個學習型組織的核心，若想充分發揮各個部門員工的專長與技能，跨部門的團隊是最佳的運作模式。

　　為改變組織氣候及調整成員心態，可採取上述學習策略，藉由組織成員相互討論，經驗交換，學習性的談話方式，讓大家有效的發表意見，最後再讓大家的想法相互激盪與影響，改變過去的觀念及防衛心態，增進合作性的學習，且能對於先前組織所推行的政策加以反思和質疑，並採取適當的行動過程，方能有效達成學習型組織管理的效能，也才能藉以達到轉化優質團隊的目的，更以此作為培養權變策略思維的基礎。

第五章　疏離脫序與激勵認同

　　2004 年總統大選開票後，連續多天國親聯盟的支持群眾，在總統府前抗議選舉不公，要求重新驗票，引起國際媒體關注。美國有線電視新聞網 CNN 記者齊邁可，針對選前槍擊事件的影響，專訪了國民黨主席連戰。連戰表示：「槍擊事件讓我們幾乎少了 50 萬票，槍擊事件發生在大選前幾個小時，事情沒這麼嚴重，卻在政治宣傳上被誇大。」同時，中央研究院院長李遠哲也接受其他記者採訪時表示，總統大選前社會相當分歧，選後結果顯示兩陣營各得約 50%選票，這就是社會的現實，很多看法會不一致。選前他曾說，選後誰當選不重要，國家往前邁進才重要，選後社會遭遇重新驗票和槍擊案兩大疑慮，應該要接受社會好好的檢驗，如果疑慮不解除，往後的日子會走得不太容易。所謂往後的日子會走得不太容易，即代表全國民眾相互間向心力不夠。當組織成員間有疏離脫序的氛圍產生，而無法有效予以溝通、激勵，使再度轉圜產生新認同的話，就註定組織要步上分崩離析，以致全面瓦解的命運。

　　本章在第一節中，列舉五項案例，無論在校園、社會，甚或整個國家，組織的成員因立場的不同，對事件的認知與看法也常常難以一致，如不能有效地溝通，化解歧見，則容易產生認同上的危機，以致團體間因相互疏離而

脫序。在第二節中，探討組織氣候對組織成員行為和態度的影響，而成功的組織氣候必須讓成員對組織有高度的向心力，否則人數再多，不過是散沙一盤。在第三節中，探討影響組織氣候重要因素之一的人事作業。誠然組織與成員間或成員相互間的疏離與衝突之現象，其肇因之一為缺乏公平正義之組織氛圍。而用人不公為正義淪喪之根源。在第四節中，探討激勵認同的基本作為，尤其強調 J.B. Adams 所倡議公平理論之立論。

第一節　案例舉隅

案例一：

　　台北市內湖國小五年級十七位老師，於九十二年十二月中旬某日以「校外教學會勘」為由集體請假事件，並提出「主任輪調、行政支援教師、加強橫向連繫」等三項訴求。此一事件廣受社會各界矚目，咸認有無教師罷教或罷課之嫌。

　　教育局官員表示，事件的背後主因在於凸顯行政與教師溝通不良的問題，希望引起社會關注，並有「看教務處怎麼處理」的意味，但這樣的做法「非常不妥」，教務處王主任因處理作為有嚴重疏失，校方已立即調整職務，並依規定懲處。陳校長也以「內心難過、痛苦、自責」深深一鞠躬向社會道歉。

案例二：

　　教育部推動國立東華大學與花蓮師院合校，在東華大學校園掀起軒然大波，學生以遊行表達反對立場，相較之下，花師學生多持正面看法。雖然反對聲浪不大，不過，為了解學生看法，花師學生自治會最近也將發起全校公投。而「國立東華大學兩校合併學生觀察聯盟」於九十二年十二月間在東華大學發動大遊行，大批學生徒步走到行政大樓前，高舉旗幟同唱校歌，表達愛校、反合校的立場。

案例三：

　　某校研擬下學期五專部併班、導師調動，二專部專任老師因教學問題而遭更動授課班級，致對○校（董事會）有所不滿，乃結合部分學生於期末結束前持布條到教務處抗議。期間並有校外縣教師會、野百合、○服務處主任、助理、○技院、○大學等校外人士到校聲援、演講、打氣。

案例四：

　　九十三年三月二十五日中國時報小社論標題「台灣真的很危險」，全文為：

　　大選過後，似乎大家都憋著一肚子不痛快，贏家不能撒歡高呼，輸家則是悲憤莫名，從候選人到選民，好像大家都是雙輸。

　　這場大選可謂徹底撕裂台灣，選後五天以來，台灣到處瀰漫著不平之氣。以前，政黨與政治人物相互

仇視對立；現在，對立與仇恨則如水銀瀉地般，向整個社會每一個角落滲透。這種暴力與暴戾之氣，深沉潛伏在幾百萬人心裡，不曉得什麼時候，碰上什麼事情，就能點燃火種。

這不是危言聳聽，經過長期以來刻意煽動，台灣基層民眾早就分裂。台灣走民主之路，竟然是用這種撕裂選民的方式走，實在有夠悲哀。這幾天，只要稍微與各方親戚、朋友、鄰居、同事，甚至路人甲乙丙聊上幾句，就可以知道，這次總統大選，對台灣傷害之深。

除了內戰國家之外，一般正常國家絕不會像台灣這樣，兩大陣營支持者充滿猜忌與不信任，甚至四處出現個別仇恨事件。整個島籠罩在一片低沉鬱悶的氣氛裡，大號政治人物如此，升斗小民亦然，企業主則忙著安撫內部不平情緒。多少年沒見面的老同學，同學會見了面，先要揣測對方政治色彩，免得話不投機。

我們走過多少荊棘與泥濘，經歷多少顛簸起伏，但是，我們從來沒有這樣徹底撕裂過，政治色彩從來沒有像現在這樣，深入每個人的生活。表面上，大家似乎日子照過，該上班的上班，該上學的上學，然而，大選之後，被撕裂的血淋淋傷口，還是晾在那裡，短期之內決不可能收縮合攏，反而有繼續擴大之勢。台灣真的很危險，這樣下去，必有後禍。

案例五：

社會為之驚聳一整年的白米炸彈客於九十三年十一月間落網，但據悉楊嫌曾標下近百萬的會款，用無名氏的名義捐款給九二一震災基金會；每月不輟賑濟貧童。更令人錯愕的是，鄰里父老感念其因替農民出氣「抗議進口稻米」才犯下錯誤，其情可憫可敬，決定發起每人樂捐一百元，延聘律師幫他打官司。

也無怪乎中華演說與辯論協會理事長羅智強先生，於中國時報言論廣場為文，引用黎巴嫩文豪紀伯倫筆下一則諷刺故事。略為：一青年卑躬懇求可以換取溫飽的工作，終不可得後，憤而以偏激的態度、流血的手段去獲取生活的權利。起初，青年為了搶奪項練，砍斷路人頸項，他的錢財越來越多，性情卻越來越兇殘，結果他當上了總督，用無止境的殘酷與恐怖掌管了整個城市。紀伯倫慨然地說道：「就這樣，由於人們的悭吝，把一個窮苦人變成劊子手；由於人們的狠心，使一個好人變成殺人犯。」

心得分享：

綜覽上述案例，得知無論在校園、社會，甚或整個國家，組織的成員因立場的不同，對事件的認知與看法也常常難以一致，如不能有效地溝通，化解歧見，則容易產生認同上的危機，以致團體間因相互疏離而脫序。

而在整體社會上，多數霸權常有欺壓少數人權益而不自知的傾向，少數人在求助無門的情況下，除將

降低對團體的認同程度外，也極有可能走向極端，採取破壞報復的作為。因此如何激勵認同，將是解除組織危機的首項要務。

第二節　組織氣候

一個組織給人的觀感若是井然有序、朝氣蓬勃，工作伙伴感情水乳交融，相互間意見溝通無礙，成員對份內工作極為投入、不投機不懈怠，則該組織的績效必然可觀；相反地，一個組織若是暮氣沉沉，工作伙伴勾心鬥角，相互傾軋，整個團隊離心離德，則該組織績效之低落自不在話下，岌岌可危亦為期不遠。上述組織各項運作給人的觀感即是所謂的「組織氣候」。自然氣候常人冷暖自知，同理，組織氣候必為組織成員所感受和體驗，並會影響到組織成員的行為和態度。

九十五年初，國民黨工陳偉傑為了黨工退職權益「死諫」，以利刃刺心、咬布封嘴，死意甚堅。九十三年底立法委員選後，即傳言國民黨將大幅裁員，將現有的一千七百名黨工裁減到只剩五百人，相關的資遣費和退休金都將採取分期付款的方式給付，因此全體黨工人心惶惶，傳言四起。如今悲劇果然發生，組織氣候降到冰點。

九十四年台北市跨年晚會熱鬧登場，市長率領演藝人員在舞台上又唱又跳，營造出一片昇平景象，主其事者無不希望匯聚人氣，且愈多愈好。試想當時，有誰願意提出人數過多，運輸容量將無法負荷可能致生危險之說詞？又

設若有人提出，會被採納否？然而，當天凌晨跨年晚會一結束，人潮急欲散去，捷運公司所投入比平時多出好多倍的人力、物力仍無法負荷如潮水般的人群，因而造成多位乘客摔傷或遭電扶梯碾傷。頓時，鞭撻之聲塞暴捷運公司所有員工的耳膜。主其事者反成為民眾要求其主持公道，以嚴懲捷運公司失職人員的正義化身。你說，從跨年晚會籌辦之初的耗費人力，到意外事件發生遭受責難之際，捷運公司上上下下裡裡外外，其氣氛之低落，那會輸給陽明山少見之雪氣。

　　實務上發現，親密或疏離、關懷或冷漠的組織氣候，不僅組織成員感受得到，即與該組織有所接觸的顧客或團體也都容易感受到。而在學術上，學者專家的實證研究也證實了這個論點，並能預測組織氣候的好壞與組織績效高低的關聯性。Halpin 和 Croft（1966）曾以組織氣候描述問卷，細分學校為六種不同類型的組織氣候。但如以較粗略標準加以歸類，可分成員認同並樂於接受與不認同並排斥兩大類。成員認同並樂於接受的組織氣候，包括開放型氣候（open climate）、自主型氣候（autonomous climate）、與親密型氣候（familiar climate）三種。其共同特徵為組織給成員的是助力而非阻力、是關懷而非冷漠。成員提及自己組織時，感到驕傲，並願意為組織目標努力。成員不認同並排斥的組織氣候，包括控制型氣候（controlled climate）、管教型氣候（paternal climate）、與封閉型氣候（closed climate）三種。其共同特徵為組織給成員的限制多於協助，組織與成員間或成員相互間關係冷漠疏離，成

員對組織缺乏認同的向心力。

　　成員驕傲地歸屬於組織，對組織有高度的向心力，相信其一言一行必會考慮到組織整體的榮辱，而成員間榮辱與共，才能齊心協力，否則人數再多，不過是散沙一盤。Buchanan（1974）將成員對組織的向心力定義為組織認同。若成員能認同組織，則將接受組織的價值和態度，並予以內化。Buchanan 進一步以認同、投入、忠誠三層面來闡釋組織認同的意涵。認同層面在於成員高度接納組織的目標與所持的價值，投入層面在於成員對於角色任務的專注，而忠誠層面在於成員樂於隸屬於組織。從相反的角度觀察，若成員不認同組織，則無法接受組織所持的價值，亦無心為組織效力，甚至以身為組織一份子為恥。

第三節　人事臧否

　　多位警界友人嘆唱：「近來人事遷調似無讓人信服的章法，期別較低或經歷較淺者，只要政治立場正確或有人脈關係者或透過利益交換，無不後來居上甚且通行無阻；即在學術領域亦然，身居警察局長或重要職務者不論學術研究能力如何，星星愈多（指官階愈高）愈容易獲推甄攻讀警察大學博士班，寧不怪乎？」誠然組織與成員間或成員相互間的疏離與衝突之現象，其肇因之一為缺乏公平正義之組織氛圍。而用人不公為正義淪喪之根源，蓋「人力資源」是機關組織重要的資產，這是古今中外有識之士一致的看法。古聖賢有云：「得人者昌，失人者亡」；「為

政之要，首在得人」；「人存政舉，人亡政息」；「國之求才，如魚之求水，人之求氣，無則即亡」，可說都在強調「人力資源」的重要性。換句話說，組織的成敗繫於人事的臧否，因此談組織的生存與發展，就不能不先談人事。國父亦曾明示：「為使人盡其才，在於教養有道，則天無枉生之才；任使得法，則朝無倖進之徒；鼓勵以方，則野無抑鬱之士。」

　　組織是由一群人組合而成，因此組織必須能群策群力，才能力保組織的生存與發展。而為求組織成員能合作無間，必須有效統合、指揮組織成員的智慧與能力。韓非子在「八經篇」中曾清楚地說：「力不敵眾，智不盡物。與其用一人，不如用一國……，下君盡己之能，中君盡人之力，上君盡人之智。」其中含義即在闡釋成功領導者事實上就是「善於用人」者。當領導幹部在人事升遷作業上若是心有所偏，用人唯親，則將阿諛成習、士氣渙散。荀子曾明說：「用聖臣者，王；用功臣者，強；用篡臣者，危；用態臣者，亡」。吾輩衷心期盼真能應驗「使納賢者尊、薦賢者榮、抑賢者恥、毀賢者罪之」。

　　依照馬士洛（Maslow）所主張的需求層次論（theory of need hierarchy）以觀，合理有序的升遷，即是在於滿足組織成員「尊重需求」、「自我實現需求」兩項心理需求（Maslow，1970）。柯茲柏（Herzberg）所主張的「激勵保健二因論」也將職位升遷－成長的可能性、成就，歸納到「激勵因素」向度內（Herzberg，1966）。亞當斯（Adams）所主張的公平理論（equity theory）認為，當組

織成員感受不公平的程度愈大，其沮喪的感覺就愈大；相反地，如能有合理的升遷制度，則成員將受到激勵而對組織產生高度的認同（Adams，1965）。綜上所述，可知合理的升遷制度不僅對當事人，並將旁及組織內所有成員，都給予最有力的激勵。亦即合理的升遷制度足以協助個人經營生涯規劃、激勵其工作士氣，將「職業」提升到「事業」之永續經營。

然而人事升遷果能盡如人意嗎？「黃鐘毀棄、瓦釜雷鳴」之情事，真會不再發生嗎？其答案恐怕未必。究其原因，「如何識人」以及「真正的人才其標準為何」兩個向度，交互激盪形成人事升遷作業上的困境。

周公戒伯禽曰：「我一沐三握髮，一飯三吐哺，起以待士，猶恐失天下之賢人。」韓愈也曾說：「世有伯樂，然後有千里馬；千里馬常有，伯樂不常有。」即以輓近政府機關拔擢人才而言，趙其文（民 77）指出有些機關首長常以「伯樂」自期，認為自己確能識拔真正人才，所以對於自己認為的人才，常予以不次提拔，但結果適得其反。綜上所舉，無論古今都一語道破「識人之明」之不易。或謂在講究工具性人情關係（余伯泉、黃光國，民 81）或依屬關係（馬信行，民 75）的宦海文化裡，能晉升為領導幹部者未必均為幹才，以致在學識能力受限的情況下，要扮演伯樂為國舉才，非其不為也，實是不能也。

另就人才標準的多樣化與量化之困難而論，「人才」的內涵並非單一能力的表現，而是具有多向度的綜合體。人才的真正意涵至今尚無一致的解釋，也絕對無法以任何

單一能力來詮釋「人才」的真諦，美國 Robert L. Katz 教授曾主張一位優秀管理人員應具備技術能力（technical skill）、人際能力（human skill）、概念能力（conceptual skill）（吳復新，民 82）。在人才甄選作業上，也要求應就候選人之考試、學歷、訓練、進修、年資、考核、獎懲、領導能力（主管人選條件之一）等項目，同時予以考量。岳飛在「良馬對」一文中描述兩匹馬，分別稱甲馬「日不過數升，而秣不擇食，飲不擇泉，攬轡未安，踴躍疾驅」；乙馬「日啗芻豆數斗，飲泉一斛，然非潔即不受，介而馳，初不甚疾」。如非有百里時程，那知甲馬「甫百里、力竭汗喘……好逞易窮」，而乙馬「比行百里，始奮迅……力裕而不求逞」，吾人又將何以區分何者為「致遠之材」？何者為「駑鈍之材」？

　　唐代隱士趙蕤〈詩仙李白的老師〉在「長短經」一書中，列舉六類正臣與六類邪臣。其一為聖臣，「夫人臣萌芽未動，形兆未現，昭然獨見存亡之機，得失之要，豫禁乎未然之前，使主超然立乎顯榮之處，如此者，聖臣也。」；其二為大臣，「虛心盡意，日進善道，勉主以禮義，論主以長策，將順其美，匡救其惡，如此者，大臣也。」；其三為忠臣，「夙興夜寐，進賢不懈，數稱往古之行事，以厲主意，如此者，忠臣也。」；其四為智臣，「明察成敗，早防而救之，塞其間，絕其源，轉禍以為福，君終已無憂，如此者，智臣也。」；其五為貞臣，「依文奉法，任官職事，不受贈遺，食飲節儉，如此者，貞臣也。」；其六為直臣，「國家昏亂，所為不諛，敢犯

主之嚴顏，面言主之過失，如此者，直臣也。」；其七為
具臣，「安官貪祿，不務公事，與事浮沉，左右觀望，如
此者，具臣也。」；其八為諛臣，「主所言皆曰善，主所
為皆曰可，隱而求主之所好而進之，以快主之耳目，偷合
苟容，與主為樂，不顧後害，如此者，諛臣也。」；其九
為姦臣，「中實險譚，外貌小謹，巧言令色，又心疾賢，
所欲進則明其美，隱其惡。所欲退則彰其過，匿其美，使
主賞罰不當，號令不行，如此者，姦臣也。」；其十為讒
臣，「智足以飾非，辯足以行說，內離骨肉之親，外妒亂
於朝廷，如此者，讒臣也。」；其十一為賊臣，「專權擅
勢，以輕為重，私門成黨，以富其家，擅矯主命，以自顯
貴，如此者，賊臣也。」；其十二為亡國之臣，「諂主以
佞邪，墮主於不義，朋黨比周，以蔽主明，使白黑無別，
是非無聞，使主惡布於境內，聞於四鄰，如此者，亡國之
臣也。」。

　　姑不論正臣也好、邪臣也罷，個人的人品氣質、性格
特質、才識能力等決定了其福國或害民的所作所為。

一、人品：葛根〈D. Gergen，2002〉在「美國總統的七門
　　課」一書中，強調美國總統為講究有效領導，成功之
　　鑰的第一把為講究「人品貴重」。福特總統曾說：
　　「如果你為人正直，其他都不重要。如果你人格不
　　正，其他也不重要。」負責處理危機掌握權柄者，其
　　所作所為常攸關他人甚至全民的禍福，倘若人品不
　　正，則可能用人唯私、結黨營私、趨炎附勢、蓄意和
　　稀泥、粉飾太平，其帶來之危害不言可喻；若係為保

住一己權位，找羔羊代罪，犧牲下屬在所不惜，如此一來何能彰顯社會公義、維護當事人權益、激勵成員士氣。對機關團隊中的成員尚且無法保護其權益，則對廣大民眾的福祉無異於誇口說戲而已。再如公器私用、操守不佳搞七捻八，所作所為又怎能取信於民。九十三年七月間，監察院行文糾正內政部違法借調、公務私用、任意酬庸等離譜情事。負責調查的監察委員古登美痛批前內政部長余政憲當時身為警政大家長，卻帶頭違法派遣、酬庸隨扈，並於每次南下高雄時，將「專供戒送、緝捕犯人的警備車」當成私人轎車使用，嚴重玷辱官箴，做了最壞示範。。

二、性格：內外控信念（locus of control）的不同會左右個體處理危機事件的風格，具有外控傾向性格者，認為事件的發展較不能操之在己，受到外在環境的影響較大；反之，具有內控傾向性格者，認為事件的發展較能由自己來加以控制和預測。此外，面對危機事件必需承受高度的壓力，因此抗壓性的高低及情緒管理的良窳，都直接影響到危機處理的成敗，宋儒蘇洵於心術一文中認為為將之道，當先治心，泰山崩於前而色不變，麋鹿興於左而目不瞬，然後可以制利害，可以待敵。

三、才識能力：美國 Robert L. Katz 教授曾主張一位優秀管理人員應具備技術能力（technical skill）、人際能力（human　skill）、概念能力（conceptual skill）。Hellriegel、Slocum 和 Woodman（1986）等三位學者也

以「個人能力」作為解釋個人表現之最主要變項之一，並認為個人的表現為能力乘以動機的函數。在危機事件處理上尤重主其事者的專業能力，必如此才能做出正確的專業判斷。茲以台北市政府處理 SARS 危機事件來看，和平醫院在倉促封院後緊急召回該院醫護人員，將疫區當成隔離地，此一作為頗受醫療專業的質疑，致有數十位和平醫院員工於九十四年二月間，透過立法委員的協助將對市政府提出國家賠償訴求，並要求還原市政府處理 SARS 的事件的真相。

第四節　激勵認同

組織情境及社會系統因素都充分影響到組織氣候，而組織氣候的好壞又影響到組織成員對組織的認同與各種工作表現。細究各種影響組織氣候的因素，計有組織結構設計、工作設計、決策參與的程度、資訊公開程度、溝通流暢程度、工作壓力多寡等項。組織氣候將影響到組織生產力，組織成員的工作滿足感、離職率、曠職率、對組織的認同感、對組織的凝聚力等項。職是，為改善組織氣候，必需有效加強各項激勵作為。

「不患寡、患不均」，組織成員間的福利待遇、升遷機會、辛勞程度若無法求其公平，極易造成組織成員的不滿。組織成員對於公平與否的認知，係以其對組織的投入與其所得的回報，和參考對象（可能係組織內的他人，也可能系統外的他人）做一比較，直覺是否合理公平？J.B.

Adams 倡議公平理論（equity theory），主張組織成員以自己對組織的投入與回報比率，和參考對象投入回報比率做一比較，若認為相當，則感覺公平，否則若認為不相稱，則感覺不公平。當組織成員感受到不公平，即會調整其對組織的投入，甚至怠惰，或從事破壞行為。

　　組織成員希望從組織得到那些回報？有形的薪水福利固不用論，即無形的名位、成就感等精神層面，亦在需求行列。馬斯洛（A.H. Maslow）認為個人有五項基本需求，分別為生理需求、安全需求、愛和隸屬需求、尊榮需求、自我實現需求。艾德佛（C. Alderfer）則倡議 ERG 理論，認為組織必須設法滿足成員生存（existence）需求、關係（relatedness）需求、成長（growth）需求。麥克理蘭（D. McClelland）則提出三需求理論（three needs theory），認為組織成員追求成就需求（need for achievement）、權力需求（need for power）、親和需求（need for affiliation）。柯茲柏（F. Herzberg）將人類的需求分為激勵要素與保健要素兩大類，在激勵要素項內，柯茲柏列舉了個人的成就感、施展抱負、升遷發展等變項。而在保健要素項內，柯茲柏列舉了工作環境與條件、報酬待遇、組織的監督管理、成員的相互關係等變項。

　　綜上所述，組織成員在付出的同時，需要相稱的回饋，且回饋的項目不僅止於有形的物質層面，尚且及於無形的精神層面。而所謂「相稱」，亦不僅止於自己與自己比而已，進而是與參考對象相對的評比下，認為合理公平，才不至於產生不滿。職是，如何有效公平地激勵組織

成員，為主其事者不得不深思的課題。

　　為激勵認同以追求卓越績效，茲以在行政管理上常見的缺失，提出適切的作法，供主其事者參考。首先，無論在人事進用、升遷及福利待遇等各方面，一定要力求公平。而公平的基本作法在於公開，不可有私相收授、暗箱作業之情事。其二，給予組織成員相稱的權力和責任，主其事者不可獨享其功，有過則諉諸於部屬，否則即易產生「多做多錯、不做不錯」的不當聯想。其三，必須充分體認不同的位階，對組織付出的承諾迥異，因此不可忽視各級組織成員角色扮演的差異性，硬將主其事者個人的意志，強迫式地要全部組織成員接受。其四，妥善處理成員間的各項衝突，以收政通人和之功效。若成員間的若干衝突未能妥善化解，心理上各存在的疙瘩，將激發曲解對方行為的情緒，進而形成相互間不信任、不和諧的組織氣候，嚴重影響成員的滿足感並降低工作品質和績效。

第六章　社群偏頗與公共關係

　　學生家長、地方士紳、民意代表、媒體朋友等都是學校必須面對且需建立良好關係的核心對象。即以學生家長為例，若學生家長對教育有正確的認識，又有心協助學校，將是全校校師生之福，但若學生家長別有用心，把學校視為搖錢樹，師生的權益就會受到影響。實務上發現不少家長會將學生制服、運動服裝、餐盒、校外教學、畢業旅行等採購及學校水電工程，視為重大商機而從中左右。

　　當地民意代表若與家長會相互結合狼狽為奸，則對學校師生為害更大。如民代力挺樁腳，出任家長會長，一來得以蠶食上述各項商機利潤，再則協助民意代表在學校建立人脈，以期透過家長會系統動員拉票，鞏固既有的政治勢力。

　　另在意見表達或群眾心理層面，台灣社會經常出現一窩蜂式的時尚活動，如趕吃葡式蛋塔、忙簽六和彩、閒逛醫院等怪現象。青少年族群間穿垮褲、打耳洞、競持信用卡、追逐明星偶像、飆車追速度等蔚為風尚；民眾講究個人主義、不守法反權威、過度熱衷政治選舉活動成為生活主軸；強調出身低微、草根性強、本土味濃等成為選宣手法；非經民意洗禮即非政治菁英、政治明星熱衷走馬燈式的作秀演出、廣設基金會方便政商勾結、政治新口號滿天

飛等形成政治歪風；經濟相對強勢團體巧取豪奪、巴結權貴、揮金如土亦不曾多讓。

　　本章在第一節中，列舉五則案例，說明因部分民代的濫權及傳媒專業倫理的淪喪，衍生社群價值與意見的偏頗，易造成組織公共關係的緊張，並增加危機處理的困境。在第二、三、四節中，分別探討與組織建構公共關係有關的相關理論，包括從眾行為、沉默螺旋理論、社會交換理論等三項。在第五節中，探討公共關係的內涵，其真諦在於傳達組織資訊給大眾，並充分瞭解並掌握群眾的意向，進而整合自己與公眾的態度與行動，甚至說服公眾改變態度或行動。在第六、七節中，分別探討社會資源與公共關係的作為，與媒體公關。在第八節中，探討組織因應危機，必須進行形象修復，而其兩大主力工作即是危機溝通與協商談判。

第一節　案例舉隅

案例一：

　　九十三年七月下旬，各大報針對警察機關實施「獵龍專案」，動員數百名官警圍捕槍擊要犯張錫銘等人，卻眼睜睜地讓多名要犯狡猾脫逃得逞乙事，大加撻伐。警政當局為顧及顏面，以一些似是而非不合邏輯的理由加以搪塞，不僅未能得到民眾的諒解和支持，反而對警界的無能與推諉次級文化造成牢不可破的意識型態。

案例二：

　　台北市政府為推動「樹灑葬」政策，每區擬選定一處地點執行。目前規畫的地點，除河濱公園和公墓外，在市中心的行政區則以大眾公園為規劃對象，如大安區將就大安森林公園或福州山森林公園二擇一，中正區則選在中正紀念堂，此一政策構想引起市民強烈反彈。

　　市政府決策單位認為，樹灑葬地點的選擇，主要是以與原有景觀結合、社區整體機能規畫、公民參與為考量重點。但市民普遍認為再怎麼規畫，也不應該選在市中心區。如大安森林公園市民活動頻繁，如在該處舉辦樹灑葬，民眾可能都不敢來了。

案例三：

　　民意代表的功能在於代表民意監督政府施政，然而部分民意代表作威作福的行徑，儼然成為另一股惡勢力。九十三年十二月初，桃園觀音國中校長被縣議員推倒在地，震驚社會各界。不獨有偶地，她的先生前台中縣大雅國中校長洪英度，在六月間列席縣議會備詢時與議員發生嚴重肢體衝突，事後辦理提前退休，洪校長表示不接受議員的道歉，要和「垃圾議員」周旋到底。

　　正當社會各界關切教育工作者面對惡質民代的艱困處境時，台中市家長成長協會理事長殷馬可召開記者會指出，台中縣立新國中校長賴錫安因不堪議員關說便當廠商的壓力，而選擇在校長室內上吊自殺。

案例四：

媒體爆料指出，九十三年底台北市議會挑燈夜戰跨年審議年度預算，致有議員因體力不支而「昏」睡議場，而此種戲碼年年都要重複上演。而在預算審查作業上似有交換條件之嫌，中國時報曾有入骨的報導，如下： 總預算審查接近尾聲，市府各局處官員依例在議會排隊，等待進場與朝野議員代表「溝通」，場景宛如在大醫院，病人排長龍掛號等看診，出出入入，有人扮黑臉，有人扮白臉，有議員板著臉進去，最後笑著走出來；有的則是笑著進場，鐵青著臉出場，眾生群像。

這種戲碼年年上演，問題是，審查預算是大事，如果重要預算都是在密室內「喬一喬」，讓其他議員無法在議場發表意見，實有違預算審查精神。因此如何增進預算審查的效率，一切攤在陽光下接受檢驗，已是議會與市府刻不容緩該檢討的時候。

案例五：

九十一年十月初爆發的內閣大臣涂醒哲舔耳奇案，媒體大發嗜血偏好。嗣該案獲得澄清後，台灣教授協會於十月二十日發表專案報告，指稱舔耳案為台灣報禁解除後最大的一樁「新聞烏龍案」，不僅使台灣新聞媒體的公信力遭受空前的衝擊，也使得媒體「守門人」的功能喪失殆盡。該協會成員尤英夫教授指出，就該案而言，新聞媒體犯下四大錯誤，其一為守門人功能全面失控，其二為記者與政治人物聯合炒

作新聞，其三為偏見與意識型態取代新聞專業，其四為事後媒體又缺乏反省。

心得分享：

　　綜覽上述案例，得知組織的運作必然接受顧客的監督，且顧客的意見也常左右組織的政策取向。因此如何與顧客保持良好關係，爭取顧客的支持，是組織生存發展的不二法門。然而不幸的是，或由於社群的偏頗，或由於組織的不健全，或由於環境系統過於繁瑣，常造成組織公共關係的緊張。部分民意代表的濫權，媒體專業倫理的淪喪，可說是居社群偏頗之首位，常壓抑組織公共關係的良性發展，也增添組織因應危機的困境。

第二節　從眾行為

　　清朝趙翼曾云：「矮人看戲何曾見，都是隨人說短長。」道盡了人類從眾行為的特性。人類是群居動物，在與他人互動中難免受到群體的影響。綜合相關文獻的探討，從眾行為可從個體與群體的特性，及個體處於群體中之情境三個面向來加以說明。

　　個體容易感受社會大眾的影響而放棄己見的隨和性格的特質，稱之為社會從眾性。當個體面對問題需因應作為時，對自我判斷缺乏信心，從眾行為傾向隨即升高，換言之，較易屈服於從眾的壓力，其人格特質為順從性高、自

信心低、社會焦慮感〈social anxiety〉高、社會敏感性
〈social sensitivity〉高、B 型人格〈type B personality〉
等。經實證研究顯示，有自信的人較少去關注他人對同一
事件的反應，因而較少產生從眾行為。社會焦慮感高的個
體，較在意己身的行為是否符合社會的角色期望，易於傾
向從眾行為。社會敏感性高的個體，善於察言觀色，而 B
型人格特質者，個性溫和、生活上隨遇而安，都較容易產
生從眾行為（Crutchfidld，1955）。

　　此外，個體認知清澈度〈cognitive clarity〉需求的高低
也影響從眾行為的傾向，認知清澈度需求高的個體，較有
動機將事件原委查得水落石出，反之，認知清澈度需求低的
個體，較易和稀泥，從眾行為的可能性較高。個體的智
力、獨創性〈originality〉、適應能力〈adaptability〉也都
是影響從眾行為傾向因素之一。

　　除了個體本身的人格特質外，個體所處的情境因素也
左右了從眾行為的傾向。當個體面對問題，情勢混沌曖昧
難以做適切判斷時，個體的自信心隨之降低，就越容易順
從他人的判斷。團體施以個體的壓力大小也常左右從眾行
為的傾向，團體凝聚力越高將使得從眾行為越強，當個體
行為偏離了團隊一致性時，可能會遭受到有形及無形的懲
處壓力。亦即團隊組織氣候支持從眾行為可以博得組織系
統的認同，避免其他成員的非難。

　　另從群體特性的面向來看，當群體間互動有高度依賴
從屬性，則從眾行為的傾向也越顯著。團隊也可能明定規
範準則，要求個體遵守，當個體違背則施以懲處。

　　除了上述的「從眾行為」外，「時尚」是另一種群眾心理的外在表徵。時尚是指在群體行為中，表現出在某一期間、某一次級系統的共同心態行為，且經常形成一次級文化，代表著某一次級系統的社會地位，如青少年流行的服飾、髮型、語言等。台灣麥當勞速食店附贈的 Hello Kitty 貓曾風靡一時，日本 V6 演唱團體來台也造成歌迷大排長龍，諸多的哈日族、哈韓族等，確實妝點出繽紛多彩的生活圈。但不可諱言的，某些時尚活動引爆出民眾生活的焦慮，甚至帶同走向沉淪。布姆（Blumer）以符號互動論的觀點，認為時尚活動為一種集體選擇性行為。因為大眾的熱衷追逐而形成一股強勢影響力，而此強勢性又挾其威力所向披靡，令多數人不知為何而為之。從符號互動論的觀點，得知時尚活動通常藉由外在的符號表達出一些隱喻性的意涵，如台灣政要富豪打小白球代表著某種社會地位的象徵，青少年朋友抽菸染髮意味著青春的反叛。

　　群眾心理固然有部分係自然形成，但也可經由人工設計加以促成，其中謠言即是眾所皆知的事項。如媒體不經查證而誤導民眾視聽，甚或故意杜撰捏造訊息，即是製造謠言的顯明案例。又如 2004 年總統大選前夕，陳呂兩位候選人遭受槍擊疑案，台灣中南部即廣泛籠罩在「中共結合國親兩黨欲置總統副總統於死地」的謠言中。綜上所述，可知從眾行為致不求事實真相、時尚行為敗壞了價值體系、謠言蠱惑民心等的社群偏頗現象。

第三節　沉默螺旋理論

　　民意的走向可能會產生危機，也可能是解決危機所倚賴的利器，然而何謂民意？倡議的「民意」是否為真實的「民意結構」？還是徒具民意之名而未有民意之實。沉默螺旋理論〈spiral of silence〉所要探討的是群眾民意的表達傾向，其學理基礎係引用個體認同的心理需求，當個體處於群體中，會保持對四週意見氣候的敏感知覺，當察覺自己的意見為大眾意見或可能受大眾歡迎的意見時，則樂於公開表達，否則，則保持緘默低調（Noelle-Neumann，1984）。

　　個體基本上都有認同隸屬的心理需求，因此在言行舉止上，有上節所述之從眾行為現象。在民意如流水的多元且互動頻仍的社會，各方意見表達紛歧或具爭議，本不足為奇，但個體為避免遭受他人的排擠，在表達意見前後，會認知意見氣候（climate of opinion），觀察瞭解四週圍其他人的相關意見，進而評估社會主流民意趨勢，以避免因意見與人相左而觸犯眾怒，換言之，民意成為宰制群眾心理的重要機制之一。藉由意見氣候的察覺以作為表達個體己見之參考指標，但個體所認知的意見氣候究能符合真正的民意傾向嗎？個體可能將少數人的意見誤認為多數人的意見，或將真正的主流民意誤認為少數人的意見。

　　個體察覺意見氣候的途徑大致有二種，其中一種為個體在人際交往中直接觀察，另外一種為透過大眾傳媒傳播的訊息。在個體直接觀察方式中，個體又常受到參照團體

（reference group）意見的左右。而就後一種途徑而言，
「第三人效果」（third person effect）也成為左右個體意見
的要素，所謂「第三人效果」係指個體認為傳媒對他人的
影響大過於對自己的影響，進而相信傳媒所呈現的意見將
透過其廣大影響層面而成為主流意見，相對的孤立了少數
個體的異議觀點（Davison, 1983）。

　　此外，個體堅持己見與否也將成為左右意見表達的傾
向，個體如係鄉愿派，如同牆頭草風吹兩面倒；或係隨和
派，較容易受制於害怕孤立的心理防衛機制；但如係死硬
派，明知自己意見雖屬少數，但仍能克服被孤立的恐懼而
勇於表達己見。

第四節　社會交換理論的意涵

　　在不健全的民選時代裡，所謂「政治菁英」經常改披
「異」袍，或夜奔敵營，而堅持的不關理念，卻著眼於自
身與相對黨派的利益。政治獻金成為向權貴靠攏的墊腳
石，握有權柄者藉政治獻金之名收受金錢及不法利益，而
另一方則企圖藉以左右施政大計以獲取數倍獻金的利益，
究雙方行為中存在著一相對的代價。民意機關及大眾傳媒
代替民眾監督行政機關的運作，在民主社會為一天經地義
的設計，但部分行政機關卻蓄意巴結討好民代及媒體，甚
有容忍或包庇民代及媒體不法行徑，相互狼狽為奸以換取
放鬆監督的權責；國內部分學術水準較受質疑的學校，透
過推甄程序將碩博士進修機會授予社會各階層日理萬機的

菁英，校方人士藉以分享菁英們所提供的社會資源，建立更寬廣的人際網絡，該等菁英也可在事業之外，搏得學術成就之名，相互間維持給予和收還之均衡的模式。九十四年四月間台北市議會揭爆台北市長馬英九高額聘用市政顧問達四九九人（其中七人為法定編制員額），議會認為馬市長利用職位廣發英雄帖，建立個人人脈網絡，此種社會名器遭私用，或有其他不當利益交換等難免為人詬病。以上雖屬錯誤示範的交互行為模式，卻已充分說明了社會交換理論的內涵。社會交換理論強調人類社交活動經常維持一種給予和收還均衡的模式，亦即人與人或團體與團體間的交往係屬於互惠性質。

社會交換理論認為每一件事均有其代價，何門史（G.Homans）以人性的內在心理結構（生存、贊同、權力等需求）為基礎，透過社會交換理論來解釋人類的基本社會行為。布羅（Blau，1964）認為社會交換行為不像經濟學可以金錢計算，因此人際關係往往因「形象技巧」的影響，而造成他人不同的評價態度。布羅進而指出，交換行為可以產生兩種重要的社會功能，一是創造友誼，二是建立從屬關係。

根據上述社會交換理論相關的論述，在公共關係的實務建構中，下列四點要項有特加說明的必要：其一，公共關係因非與生俱來，而是經過互動取得，基於人類以「自我利益」為第一考量，因此欲建構良好的公共關係必需讓對方有所得。其二，交換利益是否公平，端由個人對於自己的付出與回收是否合理，而所謂合理的標準，常因時空

因素、組織文化等差異，而產生主觀的認知。其三，交換
的利益不侷限於可計算的金錢，其範疇大到可包括個體的
生存、安全、地位、權力、友誼、名器。其四，為求得到
社會的認同，交換雙方至少在表面上都會重視互惠的規範
及社會交換的道德準則（陳秉璋，民80）。

第五節　公共關係的內涵

　　為避免社群大眾因從眾行為致不求事實真相，或受謠
言蠱惑，而對組織單位造成傷害或有不利的觀感與行動，
組織機關妥善運用媒體溝通、提升服務品質，以利於對服
務對象建立良好互動關係，成為組織管理重要課題之一。
American Association of School Administrator（AASA）即主
張教育組織得透過與組織成員、學生家長與社區大眾等，
進行雙向意見交流促進雙方間的了解與合作。National
School Public Relations Association 也強調學校行政運用公
共關係，評估、瞭解公眾態度，結合公眾利益，檢討組織
的運作與功能，以贏取公眾了解與支持，促進教育目標的
實現。

　　換言之，公共關係的運作在於傳達組織資訊給大眾，
並充分瞭解並掌握群眾的意向，進而整合自己與公眾的態
度與行動，甚至說服公眾改變態度或行動。簡言之，公關
就是一種態度形成與動機形成的工作。公關具有使人們興
起改變、增強、或創造某種態度的功能。簡單來講，所謂
的「公關」作為在於說明我們是誰？我們如何看自己？我

們想要做什麼？想要知道你要我們做什麼？我們值得你支持的理由是什麼？職是，公共關係工作的精髓在於展現我方的資源，有與對方交換資源的高度意願，並且可實質的提供對方所需的資源。

公共關係的功能有強化、催化及轉化三項。所謂強化作用，在於鞏固良好的印象和關係，亦即雙方關係不僅好，還要再好。催化作用係針對中間性顧客藉由公關促其建立良好印象，亦即雙方的關係由淡轉濃。至於轉化作用，乃是對不支持的對象予以軟化、柔性化，或降低其反對，亦即希望雙方的關係能由壞轉好。茲為做好公共關係，期能達到預期的功能，美國公關大師柏內斯提出公關工作的四項原則，為做公關一定要尋求「公眾利益」的贊同和支持為基礎。其二為公關業者應先用科學的民意調查研究來評估客戶和公益之間的適應和整合問題。其三為公關要做好，必須要有行動來配合。其四為公關的精神在於雙向溝通，至於宣傳、新聞發布、廣告等只是單向傳達訊息而已。

第六節　社會資源與公共關係的作為

從危機管理實務層面以觀，建立公共關係的消極目的，在於減低社群偏頗所帶來的負面衝擊。而積極的目的，在於廣泛運用社會資源，以利因應各項危機的處理。檢視教育組織，尤指學校而言，社會資源的種類約計包括教職員工的眷屬、學生家長、社區人士、媒體朋友、民意

代表、各相關政府部門（如消防機關、警政機關等）。茲以學區家長為例，因學區家長無論職業專長、興趣涵養、工作時段、經濟能力等多元不一，如能善加利用，可參與推動多項校務，包括：

一、支援教學：支援語言、技藝、體康等教學；協助校外教學；或引導學童認識圖書館、介紹圖書類別等工作。

二、教學資源的提供與協助教具的製作、管理：如募集提供圖書、教學實物的提供或製作、實驗材料的準備，或如幻燈片、投影片、電腦教學軟體的製作與管理。

三、學童上下學的導護工作：負責學生上下學的導護工作，指揮交通，協助學童過馬路，維護學童安全。

四、參與環保志工，協助學校資源回收工作：學校是推行環保，指導學生力行環保教育的主要場所，但在環保回收時間，一袋袋的資源分類，在人手的需求倍感不足，因此建議家長主動投入協助學校推動資源回收工作。

五、學童保健服務：具有醫護專長的家長可協助學校推動身心保健知識教育及學童保健服務。

六、學童平安站的設立：由學校與家長及警方共同會勘，在學童上下學沿途選擇熱心商家，提供學童作為求救或請求協助的場所。

七、校園綠化美化工作：綠化資源的提供，並協助學校教材園的整理、花圃園藝的維護，以加強學校綠化美化工作，改善校園環境。

八、水電及課桌椅修繕工作：協助學校定期檢查、修繕校舍及相關設備，以確保學童能在舒適、美觀及安全的

環境下成長。

九、學生課業輔導：對於課業落後的學生，利用朝會及導師時間，實施課業輔導，進行補救教學，減輕教師負擔。

十、學生心理輔導：協助特殊需求的孩子親身體會或幻燈解說，以引導學生走出困境，迎向光明。

十一、班級義工：協助級任導師妥善經營班級親師關係，協助擔任班級助理教師、協助處理班級庶務及家庭聯絡等。

十二、協助學校推行公共關係：學生家長可透過本身的工作或人際關係，協助學校推動公共關係，更有效地結合社區資源，共同協助推動各項校務工作。

十三、其他配合學校大型活動的服務事項：如運動會、園遊會的擔任招待、服務等支援工作。

　為建立良好公共關係，不管係對內部的組織成員，或係核心的公關對象，其基本作為在於提供適切的「服務」，換言之，要建立以「顧客滿意取向」代替「績效取向」的組織文化。總體服務品質指標（total service quality，TSQ）強調於評估服務品質時，必須兼顧服務所產生的實際效能及顧客對於服務之主觀上的滿意度，以公式表示，為：$TSQ = Qf \times Qp$（Qf：實際上的服務品質，Qp：感覺上的服務品質）。

　實際上的服務品質在評估上固然重要，但顧客感覺上的服務品質在評估上尤見其重要性。更進一步闡釋：不論服務的真正品質如何，假使顧客未對服務感到滿意，則這項反應必須被當作事實而予以接受。如花錢上豪華大飯店

吃飯，可能不是為了食物本身的營養和價值，而是無微不至的服務。舉世有名的麥當勞公司，即一再強調其經營理念，不是賣漢堡，而是賣「飲食文化」及「現代化的生活」，具體作法包括 QSCV 四項。Q 品質，強調該冷食的要冷透透的，該熱食的要熱騰騰的；S 服務，要求員工務必做到快速、週到、體貼；C 乾淨，認為乾淨是員工對顧客無言的歡迎；而最後一項才是 V 價值。綜上所述，可知企業經營除講究實質的商品給予外，更重要的是讓客戶感到受絕佳的「主客關係」。

第七節　媒體公關

　　媒體有第四權之稱，對於政府系統的施政作為扮演著強力批判的角色，但如能持平公允監督政府及社會權貴，何嘗不是全民之福，但在功利盛行的社會，部分媒體似乎難以取信於大眾，其原因在於媒體從業人員欠缺新聞工作倫理，對於信息的處理，普遍未經充分查證，甚至有故意渲染及杜撰，因此有人矮化新聞媒體為「製造業兼屠宰業」，也因如此，設若媒體公關處理不當，常會造成危機事件如滾雪球般地釀成災難。

　　北高雙城戰役，中國時報因未經查證，不實報導總統收受新瑞都蘇惠珍政治獻金，經總統府嚴加駁斥並不惜訴諸法律，該報終因理屈而公開刊登道歉啟事。嗣後陳總統就此一事件曾嚴正指出「新聞自由與社會責任係一體之兩面，不可偏廢。證諸過去許多新聞事件，因媒體不實的報

導，不僅對當事人造成難以彌補之傷害，社會也因而付出極高之成本，實應引為殷鑑。」

　　殷鑑不遠，九十一年十月初爆發的舔耳奇案，受害人為內閣大臣涂醒哲，部分學者專家終能挺身而出打抱不平。台灣教授協會於十月二十日發表專案報告，指稱舔耳案為台灣報禁解除後最大的一樁「新聞烏龍案」，不僅使台灣新聞媒體的公信力遭受空前的衝擊，也使得媒體「守門人」的功能喪失殆盡。該協會成員尤英夫教授指出，就該案而言，新聞媒體犯下四大錯誤，其一為守門人功能全面失控，其二為記者與政治人物聯合炒作新聞，其三為偏見與意識型態取代新聞專業，其四為事後媒體又缺乏反省。

　　其實早在九月一日記者節當天，由人間福報、佛光衛視、國際佛光會發起承辦的「媒體環保日、身心零污染」系列活動，廣邀各主要媒體代表誓師，宣誓媒體淨化，堅守「不色情、不暴力、不扭曲」三不作為。台灣新聞記者協會會長石靜文先生也於同日在聯合晚報論壇上發表「專業、權益、再學習」專文指出，一九八八年報禁解除以來，傳播業者雖擁有最多的資訊通路，部分媒體卻向國內外提供最差的內容，包括新聞及節目熱鬧聳動，媒體自由而幾乎百無禁忌，真相往往不得明白，品味格調江河日下，以致媒體炒作新聞在民調中被指為台灣面臨的危機之一。國語日報在十月九日「日日談」專欄中也剴切指出，媒體本身的自我放任與無限膨脹，是台灣八卦滿天飛的主因之一。涂案的轉折如果不能給嗜血的媒體教訓，則八卦消息必定繼續蔓衍。終有一天，所有讀者觀眾不再相信這

些媒體報導的任何消息。

　　茲再舉一則新聞報導為例，九十四年二月二十七日中國時報 A13 版，有關二二八事件受難者的一則消息，報導中一段略以「一九八七年，獄中的陳明忠因為長期的刑求，身體狀況已經非常差，但他太太經過二年的陳情，申請了三十次的保外就醫都沒有被批准。最後是陳明忠的友人，台大教授王曉波找馬英九幫的忙。馬英九當時是蔣經國的秘書，偷偷地替蔣經國批准了陳明忠保外就醫的公文。」從該報導中，讀者無從瞭解記者有無向馬英九查證有無冒批公文之事，但此報導顯然容易誤導讀者合理懷疑馬英九在該秘書任內，究竟還偷批准了多少公文？

　　不管媒體能否持平公允報導相關事宜，但在處理危機作業上，媒體的處理確實疏忽不得，稍有怠慢，即成為媒體大肆修理的絕佳理由，因此相關的公關作為輕忽不得，茲建議：

一、和媒體維持良好的關係：維持良好關係，雖不能保證一定有正面的報導，但對登上版面的消息一定有正面的影響。因見報的消息，其版面位置、版面大小，新聞用語的持平與否等，都會造成民眾不同的觀感。

二、安排採訪的所有細節：包括提供什麼消息，如何處理採訪事宜，申請採訪許可的過程。機關應留意記者感興趣、需要的消息，並儘可能滿足採訪的需求。

三、不要把通稿搞成獨家，不要讓獨家變成通稿：本機關有特殊重大新聞，應同時通知各大眾傳媒時，不可只通知一家，或漏掉某一家；但如一個記者自行發掘到有關本機關的獨家新聞，而前來求證時，不宜將該項

　　　新聞再通知其他傳媒。

四、誠信不說謊,但可把部分真實予以省略。

五、邀請參加學校重要教育活動。

六、新聞稿的寫法:新聞稿的特色在於簡潔有力,字數越少
　　越好,而且最好能在文章開端(稱之為導言),即將全
　　文大意交代清楚,而使新聞稿呈現倒金字塔型的寫法。

第八節　危機溝通、協商談判與形象修復

　　危機事件的特性之一為具有高度的毀壞性,組織形象
是直接受損的標的之一。組織的價值或財富,包含具體有
形的「資產價值」與無形的「形象價值」兩大部分,尤其
形象價值常影響到資產價值的增損,因此當危機事件爆發
後,必須迅速有效採行策略作為,進行組織形象修復工
作。而危機溝通與協商談判是形象修復的兩大主力工作。

　　在環境系統愈呈現多元、互動的趨勢下,當組織面臨
危機時,必為傳媒大幅報導,廣受社會大眾所關注,組織
必須有效地做好危機溝通,避免整體事件受到不實的渲染
與媒體扭曲的審判。經歸納危機溝通的策略模式計有下列
五大類,其一為否認,並針對疑點予以澄清,公開聲明
「危機不存在」策略。實務上發現部分危機事件來自於惡
意的謠傳所造成,因此必須在第一時間公開予以否認,如
傳媒或民眾有任何疑點,並逐一地予以澄清。甚至訴諸法
律,扼阻不法之徒任意散佈不利組織的言論。其二為「忍
辱」策略,組織勇於承受危機事件所帶來的衝擊,並決心

予以改正缺失，透過公開場合向受害者道歉，並提供合理
的理賠，以爭取大眾的諒解。其三為「隔離」策略，為組
織危機的發生找一合理化的藉口，減低組織對危機應負的
責任，使大眾減少因危機事件對組織產生的負面評價。其
四為「迎合」策略，強化組織過往的正面形象，或以另一
議題導引大眾更高一層的思維格局，以尋求大眾對組織的
認同與支持，相對地減低因危機事件對組織的苛責。其五
為「哀兵」策略，將組織形塑為該危機事件中不公平待遇
的受害者，以博取大眾的同情，扭轉大眾對組織的負面評
價（Coombs，1995）。

　　危機事件的後果，難免造成機關組織、組織成員和服
務對象的傷亡或損害，不管危機處理策略再如何上乘，仍
以真正解決問題為前提，否則一切作為可能都淪為空談。
為彌平雙方的損傷，透過協商、談判找尋一合理的理賠方
式是必經之途。如第二章所列各項校園危機所造成的損
傷，或如第四章所述，社會大眾撻伐的台北市醫療體系官
僚殺人所引發的傷亡等是，其相關的損害賠償都是危機處
理作為的核心，也都必須透過協商或談判的手段，來達到
安撫解決的目的。

　　協商與談判用語不同，就性質而言，協商似較以平和
方式、相互溝通，以共同達成一致的意願為目的，給人一
種「雙贏」的觀感；而談判常給人有雙方對立、討價還
價，容易造成「零和賽局」的觀感。不過在危機處理策略
上，不論係協商或談判，仍以創造雙贏或多贏為原則，因
此如何充分應用社會交換理論的論述，讓雙方能各取所

需，且都有所需可求，為協商與談判中重要法則。協商與談判之前提有五，其一為探究事實真相，危機所造成的身體傷亡或財物的損害常是協商談判的主題，然而其事實真相為何？通常不易在急促的時程釐清，因此更凸顯掌握事實真相的重要性。其二為充分瞭解相關法令的規範，協商談判所欲達到的目的，究竟能否實施常牽涉法令的規範。其三為掌握可用資源，協商談判的標的除受相關法令的規範外，機關本身是否擁有可用的資源？否則無異劃餅充飢。其四為遵守組織權限，協商談判的內容必須在組織權限範圍內，不可有所踰越。其五為充分瞭解對方的背景資料，包括心理狀態，其中包含前節所述的從眾心理與意見表達的沉默螺旋理論等論述。

至於有關協商談判的模式，學者專家建構了工具性談判模式、表意性談判模式、溝通性談判模式等三大類。所謂工具性談判模式，以社會交換理論作為建構論述的基礎，重視具體、實質的理賠條件，透過協商談判方式，使雙方明確提出可交換或可重新分配的資源。所謂表意性談判模式，以人際關係理論作為建構論述的基礎，利用情感的宣洩、挽回自尊、給予面子、重視情誼等方式，以協商雙方各自讓步，達到解決危機的目的。所謂溝通性談判模式，以溝通理論作為建構論述的基礎，主張協商談判為雙方對彼此行為訊息作出反應的互動過程（ Rogan & Hammer，1997）。

第七章　情緒障礙與調適

　　成員的情緒深受組織與環境系統的影響，而成員的情緒若能持平穩定，才能心平氣和地與其他成員互動，也才能熱忱地服務顧客。否則，若成員情緒低落、不穩，則已成為待處理的危機個案，若組織內多數成員情緒困擾，則將嚴重威脅組織氣候，成為組織走向傾頹危機的未爆彈。

　　教學系統中，青少年學子為核心成員，不幸的是諸多因素常易造成他們情緒失控，而情緒管理失當又常衍生諸多憾事。九十二年七月間礁溪四名少年男女疑似感情糾紛服毒二死二傷案，另國三孩子向祖母要錢未果竟兩次想毒死祖母，以及青少年嗑起曼陀羅與仙人掌花等一連串事件，在在說明青少年在處理情緒上有諸多困擾，極需他人協助。但在各相關案例中不難發現，社會經常漠視少年人格發展階段中所謂的「情緒上不再依賴父母或其他成人」的任務，而未適時地給予關懷和輔正。上述三個個案中的少年，都來自功能不彰的家庭，疏離的親子關係難以建立彼此信賴的情感依附。

　　本章第一節中，列舉四則實際案例，顯示諸多環境系統因素，左右了個體的喜怒哀樂，影響個體情緒的穩定度。在第二節中，強調「自我認同」的重要性，個體在「自我認同」階段，如能發展順利，則能認清自我、面對

自我、接納自我、肯定自我。在第三節中，探討壓力的認知與因應作為。在第四節中，澄清人生的價值，並以建立「價值多元化的人生」、「喜悅的人生」、「學習的人生」、「奮鬥的人生」與讀者互勉。在第五節中，建議矯正不良的非理性想法，對待萬事萬物應學習抱持積極樂觀的態度，避免產生鑽牛角尖、走入死胡同的作法，千萬不可有「天下本無事，庸人自擾」之現象。在第六節中，探討憂鬱症的成因與症狀，希望有患憂鬱症之虞者，不可諱疾忌醫。

第一節　案例舉隅

案例一：

　　兒童福利聯盟文教基金會於九十一年二月至三月間，曾針對台北、台中與高雄三都會區的三到六年級學生進行抽樣，共有三十五所國小學生接受調查，有效樣本計四千零八十七份。調查結果顯示：近九成的受訪學童表示曾經有煩惱，其中經常感到煩惱者佔五十五％，學童煩惱的項目包羅萬象，從個人生活到家庭與社會生活。在個人生活上，除了擔心身體健康、課業壓力、高年級學童甚至對自己外表感覺不滿意；在家庭生活上，不少學童擔心沒有大人陪伴、擔心大人有飲酒、賭博或吸毒等行為、且擔心父母關係不佳；在學校生活上擔心人際關係，怕被同儕排擠；在社會生活上擔心災害發生與擔心壞人入侵等。

案例二：

　　台北市衛生局社區心理衛生中心鑑於總統大選過後，許多民眾產生失落、不滿、焦慮的情緒，甚至徹夜不成眠。特別舉辦研討會，提供「單鼻呼吸法」、「大笑功」等ＤＩＹ紓壓小秘訣，協助民眾化解緊繃的情緒。所謂「單鼻呼吸法」，就是壓住一邊的鼻孔，慢慢的深呼吸，一吸、一吐三次後，再換另一邊，在吸氣的時候冥想著，吸入的是希望、光明與平和，吐氣的時候則冥想吐出的是不滿的躁鬱情緒，如此即能大幅的減輕緊繃情緒。第二招則是「大笑功」，此一源自於中國與印度的放鬆技巧，作法為站立起來，將兩腳打開與肩同寬，接著雙手打開，頭部往後仰，然後慢慢吐氣，接著哈、哈、哈大笑三聲，就可以感覺到心情輕鬆不少。第三招為在當事人身後按揉對方的肩、頸，以緩和對方的情緒。

案例三：

　　當個體在遭遇諸如戰爭、天災、地震、強暴、車禍或親人死亡等事件，常會產生極度害怕、無助、恐懼的心理狀態，即為災後創傷壓力症候群（PTSD）。其症狀有三，其一為該等事件的影像、思考和感受屢次重複出現在腦海和噩夢中；其二為持續迴避接觸與創傷有關的事物，且無法回憶創傷事件的重要片段；其三為過度警覺反應，以致無法入眠，注意力不能集中和易發怒。這些症狀如持續而無法予以紓緩，將導

致個人社交、家庭和職業功能重大失衡。

　　高雄長庚醫院精神科主治醫師李俊毅翻譯「割腕的誘惑」一書，他認為台灣青少年正在走 20 年前美國走過的老路，刻意製造身體的苦痛，來解決精神層面的痛苦與折磨，藉由血液的流失來尋求心靈慰藉。他在門診裡看到自傷自殘的病人愈來愈多，有些病人坦承唯有割出傷口的痛，才能轉移心裡的痛。而之所以有此自殘行為，學者專家調查研究認為可能和家庭巨大的衝突有關。而其態樣包括了割傷、捶打、拉扯頭髮、撞牆、口咬手臂、燙傷身體等不一而止。

案例四：

　　教育部軍訓處公布九十三年全國計有 755 名學生因故死亡，其中 67 名為自殺死亡，91 名為自殘受傷，更令人驚心的是有四名國中生和二名國小學生在列。軍訓處分析，大專校院學生自殺與自傷主因，多數與男女感情有關，國高中職學生則多因升學、課業壓力，小學生自傷、自殺的主因則是父母關係失和、家庭問題困擾。

　　新光醫院精神科主治醫師林博指出，學生自殺的動機可能導因於心情憂鬱，或精神異常，而在這些既定高危險族群背後，失常的父母往往成為間接的潛伏幫凶。為有效協助學生解決問題，台北縣教育局成立「校園危機應變醫學小組」，以五個階段培訓二十九位高中職教師，成為心靈醫師種子教師。

心得分享：

　　綜覽上述案例，得知諸多環境系統因素，如組織運作的公平性、家庭成員的互動、學校課業的壓力，以及諸多的天災人禍，左右了個體的喜怒哀樂，影響個體情緒的穩定度。心靈創傷所帶來的後果絕不亞於生理的傷痛，如案例中所述的災後創傷壓力症候群（PTSD）即為明顯的案例。因此如何協助成員化解緊繃的情緒，成為危機處理上不可忽視的課題。

第二節　自我認同

　　從受百般呵護的襁褓階段逐次長大成人，歷經了信任感、自主性、勤奮進取等心理健全發展，到了青少年期則以「自我認同」為最主要的發展任務，倘若發展不順利，可能表現出鹵莽行動或以退化作為逃避解決問題等「認同混淆」的危機。要認識自己、瞭解自己的能耐、表現自己合宜的行為等，其實並不是那麼容易，我們不是常見有些已上了年紀的影歌名星，在影藝界走紅後，即自我膨脹並挾其名氣投入選戰，結果慘敗負債累累嗎？

　　J. Luft 和 H. Ingham 持「周哈里窗（Johari window）」論點，將個人自我區分為四個區域，分別為開放區、盲目區、隱藏區和未知區。開放區是指自己和他人都瞭解的部分，開放區的大小視他人對你瞭解的多寡而定。盲目區是指他人對你瞭解而自己反不清楚的部分，如一般人常有的不自覺習癖。隱藏區是指自己充分了解與掌握，但列為秘

密，除非信任得過否則不願為他人知道的部分。未知區是指自己和他人都不清楚的部分，如個人未發現的潛能，必須藉由輔導諮商或測驗工具來協助開發。

Cooley、Mead 和 Goffman 等人分別從社會學觀提出自我認同發展的相關論點。Cooley 以「鏡中自我」（looking-glass self）理論，闡釋自我概念發展三階段，其一為個人注意別人（如父母、師長、同儕）眼中的自己，其二為揣測別人對自己的看法，其三為根據揣測所得的角色印象，形成某種的自我意識。

Mead 以「主我」（I）逐次社會化為「客我」（me）的現象，來闡釋自我概念發展的歷程。「主我」是指個體一切以自我為中心，無暇顧及他人的感受；而「客我」則是除了考量自己的需求和感受外，也兼顧別人的感受與反應。而在自我概念發展過程中，「重要他人」（significant other）如父母師長等則扮演著極為顯著的影響力。

Goffman 以戲劇理論（dramaturgic approach）闡釋每個人的「自我表現」，Goffman 認為每個人在日常生活的互動中，依據不同的生活情境呈現出不同的「自我形象」，如同演員面對不同的舞台呈現不同的戲碼一般。

個體在「自我認同」階段，如能發展順利，則能認清自我、面對自我、接納自我、肯定自我。瞭解自己的優點，充分發揮自己的長處，不驕矜；瞭解自己的能耐，實事求是，不好高騖遠；接受缺點限制，努力克服而不自暴自棄。俗話說得好：「天生我才必有用」，每個人基本上有七項智慧：語言、邏輯－數學、空間、肢體－運作、音樂、人際

（如行銷人員、政治人物應有的特質）、內省（如心理諮商師、神職人員應有的特質），受到先天和後天的影響，每個人在這七項智慧上各有不同的強度，因此或許在語言和數學方面表現不夠理想，但可能在音樂、繪畫方面有傑出的成績。只要不自暴自棄，日積月累，必有所成。老子中有一句話「合抱之木，生於毫末；九層之臺，起於累土；千里之行，始於足下」，適足以激勵自己。

第三節　壓力的認知

　　大家耳熟能詳的一則小故事，敘說一位老太太在大雨滂沱時淚流滿面，究其原因係在擔心其販賣米粉之長子因天候不佳而無法曬乾米粉。好不容易天氣轉晴，大夥原以為老太太應高興起來才對，但事與願違，老太太仍面色凝重，經再三詢問，乃知其復擔心其販賣雨傘之么兒的生意必受天候影響而清淡。由上述這則小故事得知週遭情境對個人心境影響之大，惟同一情境對不同的個體的影響又非絕然一致，要看個人的看法而定。當前心理治療學派顯學之「認知治療學派」大師艾理斯（Ellis）及貝克（Beck）持一共同的看法，認為個體對周遭事物的主觀認知，決定了個體的心情。

　　EQ 管理的基本面向，分別為認識自身的情緒、妥善管理情緒、自我激勵、認知他人的情緒、人際關係的管理等五項。為求能認識自身的情緒，首一要務必先認清自身面臨的壓力來源與種類，因壓力係造成情緒困擾的主要因素

之一。人非生活在真空中，因此生活週遭無可避免地或多或少都有壓力存在。所謂壓力，係指個人無法充份滿足自己的需求，以致造成內心的挫折，自己感受到不愉快的經驗，即是一種壓力。馬斯洛認為任何個體都有一些基本的需求，包括生理需求（俗謂的食色性也）、安全需求、認同需求（如聲稱脫離父子關係，即會造成認同不滿足而有所挫折）、尊重需求（如被表揚為好人好事代表）、自我實現需求。當個體面臨壓力，無論在心理方面或生理方面，甚或一般的生活或工作都會承受某種程度的影響，常見的如下：

一、造成心理不適或疾病：焦慮、沮喪、無助、無望、空虛、緊張、易怒、精神分裂。

二、造成生理不適或疾病：偏頭痛、高血壓、心臟病、胃潰瘍等身心症，免疫功能降低。

三、造成社會生活不適：孤僻、冷漠、疏離、不合群、人際關係不佳。

四、造成職場生活不適：反應遲鈍、知覺降低、心不在焉、怠工、曠職、不合作。

五、造成家庭生活的困擾：夫妻吵架、親子關係緊張。

　　個體壓力來源，不外為家庭因素的困擾，如夫妻感情不睦、親子關係不良、經濟短絀。工作因素的困擾，如工作具高危險、負荷過重、考績不佳、高資低就。傳統思想的束縛，如個人或重要的親人之行為有不符合傳統思想之要求時，亦易造成難以承受的壓力，如同姓聯婚、同性戀、晚婚，或如一般人相信面相學所稱，公侯將相蓋都魁

梧奇偉，因此假若個人身高較為瘦小者，可能產生嚴重的自卑感。組織文化的不適應，如單位上存在已久之酒量即工作量的「喝酒文化」，設若成員不善喝酒，可能就此形成壓力。人際關係不協調，如人際關係不好會造成個人的孤寂、氣憤、甚至相互攻擊或自暴自棄。身體狀況的改變，如部分人士過度關注外表的變化，如禿頭、中廣身材都會造成壓力。社會地位的變化，如升遷、考試順利與否也將造成情緒的起伏。社會形象的無形壓力，如團體社會形象不好致造成婚姻困擾，而引發挫折感。生活中處於不確定的狀態，如對不確定的生活狀態感到焦慮，常見的像地震恐懼症、陌生恐懼症。角色衝突，包括了角色間衝突、角色內衝突、角色人格衝突。因社會行為缺乏恆定的標準而造成的困擾，如社會對同一行為的評價常因人因時而有不同，甚至南轅北轍，如當事人過於在意，即易形成揮之不去的壓力。但依「認知治療學派」的論點，認為個體對周遭事物的主觀認知及每個人壓力忍受度的個別差異，才是決定個體心情好壞的主要原因。

當充分瞭解壓力來源之後，才能進而有效地對症下藥解決問題，其作為分述如下：

一、以具體、肯定、可解決的方式來確定問題。

二、決定問題處理的先後順序。

三、建立具體可行的目標。

四、分析達成目標的阻力與助力。

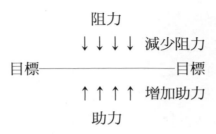

```
              阻力
          ↓ ↓ ↓ ↓  減少阻力
目標————————————目標
          ↑ ↑ ↑ ↑  增加助力
              助力
```

五、思考並抉擇達成目標的策略或方法。

六、避免誤用錯誤的方法：不可利用耽溺性的行為來求得
　　情緒的暫時性紓解，所謂「耽溺性行為」係指任何一
　　種與情緒改變有關，且對自己生活有害的行為。常見
　　的耽溺性行為，如酗酒、吸毒、賭博、打電玩、作白
　　日夢，或宗教狂熱。

第四節　價值的澄清

　　人生觀將影響個體的日常生活，進而影響個體的生活
情緒，及人際關係的建立。時下很流行的一句話：「你幸
福嗎？」「很美滿。」希望這是每個人真實生活的寫照。
然而俗話常說：人生不如意事，十之八九。因此，家家有
本難唸的經，相信也是你我共有的生活經驗。但是不管如
何，衝破困境、迎向光明，則是我們一致努力的目標。假
若浩瀚銀河中的繁星代表著每個人心中無限的希望，千萬
不要因為看到其中一顆星星的殞落，而放棄整片燦爛的天
空。同樣地，我們不要因為一件事情的不順心，而終日自
怨自艾，否定一切，甚或放棄自己。其實人生是「生
活」、「生涯」、「生命」三者的渾成體。所謂「生

活」，係指日常的活動，以日計；「生涯」是指事業的發展，以年計；「生命」是指個體的存活，以存亡為界。

我們相信「觀念」為「行動」之帥，因此為求妥善管理自己的情緒，建議先從正確人生觀的重塑著手。

一、價值多元化的人生 VS. 名利取向的人生：不要把人生的目的侷限在某一方面，尤其名利。因名利的追求常屬零和賽局，花費的代價多而收穫的回饋少，舉例而言：漢朝（428 年,24 主）、唐朝（290 年,20 主）、明朝（276 年,16 主）、清朝（268 年，10 主）不也都是過眼雲煙嗎？誠然「富貴榮華莫非是彩雲一片，漢武秦皇不過是歷史半頁」。其實幸福的人生是多層面的結構體。或因個人主觀看法的不同而有差異，但大體而言，不妨可將個人人生的目的分置在事業的成就、學識的追求、子女的成器、身體健康、生活愉悅、虔誠的宗教信仰、知心朋友的交往。假如人生的目的能夠多元化，萬一有了某一缺陷（如得不到名），即可以其他項目來加以彌補。

二、喜悅的人生 VS. 憂鬱的人生：以「半杯酒」為例，有人執著於空虛的部份，而懷憂喪志；但也有人珍惜實有的部分，而積極進取。再以歌詞「花滿庭、花滿庭，有人但惜好花落，有人卻喜結果成」為例，前者是憂慮人生的寫照，而後者為喜悅人生的寫照。林黛玉的葬花詞：「儂今葬花人笑痴，他年葬儂知是誰」，不也正是烘托出林黛玉憂鬱性格。

三、學習的人生 VS. 自以為是的人生：把擔任任何一項職

務，都當做很好的學習機會，則不但不會厭惡任何一項工作，進而必然敬業樂群，且收穫豐富。常見的，有些人一調整工作，稍不如己意即自怨自艾；另外，也有些人一旦位居高位，不懂也得裝懂，其實心裡苦悶的很。

四、奮鬥的人生 VS. 自暴自棄的人生：遇到挫折，要能愈挫愈勇。司馬遷於史記上提到：孔子受困於陳蔡而作春秋。屈原被放逐以後而作離騷。孫子雙足被刖以後才作兵法。相反的，有些人升遷不如意或感情稍受挫折，就自暴自棄，怨天尤人，對別人不理不睬，猶如行屍走肉。有人說：「世俗經驗，人走逆境的時候，險，但很穩；走順境的時候，逸，但很險」，因此逆境並不可怕，怕的是沒有奮鬥的幹勁。

第五節　減少非理性想法

對待萬事萬物應學習抱持積極樂觀的態度，避免產生鑽牛角尖、走入死胡同的作法，千萬不可有「天下本無事，庸人自擾」之現象。換句話說，倘若能矯正不良的非理性想法，即能有效紓解不必要的壓力。常見非理性想法，不外為：

一、過度誇大：將事件的嚴重性加以誇大，如親子間為某一事件爭吵，而將其視為親子關係的全然破裂。因男女交往受阻，而完全否定自己存在的價值。子女功課不理想，導致萬念俱灰。

二、過度概化：將造成困擾之事件或對象概化到所有事件
　　或對象上，如這一代年青人如何如何，上一代又如何
　　如何。某一長官處事不公，而認為所有官員烏鴉一般
　　黑。洽公碰到某一政府官員不勤快，即認為所有公務
　　人員都犯了推、托、拉的毛病。

三、過度簡約：以單一或少數的理由來解釋複雜的情境，
　　如夫婦吵架，直認對方有了外遇；升遷不順，歸因於
　　長官收受紅包。

四、極端化想法：一定要、一定會、必定要、必定會、不
　　如此就會，如非生男不可。

五、過度崇尚權威、儀式，甚或迷信：如天下無不是的父
　　母；參加喪禮未用清水洗淨，或勘查命案現場後逕至
　　回家而終日不對勁。過年打破碗，而終日不安。舉辦
　　婚禮因過度拘泥某些禮節，而致雙方鬧得不愉快。

六、自我限制或自我跛足觀念：將不如意的原因都歸罪於
　　自己，如新接職務，自認能力不足而憂心忡忡；自認
　　能力有限，恐影響團隊績效，致退縮不前。

七、易受環境、世俗文化所催眠：如認為金錢萬能，在名
　　利洪流中打滾；麥克傑克遜、瑪丹娜的歌聲引起多少
　　年輕人的瘋狂。

　　除非理性想法之外，也要儘量少用不當的自我防衛方
式。當壓力來臨之際，常見的自我防衛方式有否定事實、
理性作用、補償作用、昇華作用、退化作用、投射作用、
抑制作用、仿同作用等項。茲分述如下：

一、否定事實：即否認不愉快或怕人恥笑事實的存在，如

否定胸部腫塊不可能為癌症；拒絕接受子女作姦犯科之事實；推說不在意升遷乙事。

二、理性作用：個人純以理性的態度去適應帶有情感的情境，如警察持槍緝捕要犯。

三、補償作用：改以其他方式，藉以維持自尊或自信。如身體不佳無法同他人分擔應有工作，改以請客方式來彌補。

四、昇華作用：以社會所認同之行為去取代不為社會所認同之行為。如原本好打鬥昇華擔任執法人員從事打擊歹徒。

五、合理化作用：以「自以為是的理由」來文飾自己的行為後果。遭遇失敗馬上找理由搪塞，如考試不理想怪命題太偏；或如酸葡萄作用、甜檸檬作用。

六、退化作用：當遇到挫折時，改以較幼稚的行為應付現實困境，以惹人注意或博人同情以降低內心的焦慮。如碰到問題猛咬手指頭；或被罵時，一副六神無主的模樣。

七、移置作用：將對某人或某事的情緒反應，轉移對象來發洩。如被長官訓斥或升遷不如意，改以家人為發洩情緒的對象。

八、投射作用：不自覺地將自己的過失或不為社會認可的理念加諸於他人，藉以減低內心的焦慮。如認為大家嗜好聽黃色笑話，不得已才大開黃腔。

九、抑制作用：克制自己的情緒，如所謂喜怒不形於色。

十、仿同作用：在現實生活中，個體仿效權威者、成功

者、名星人物，以滿足自我的需求。如：身著名牌服飾、口叼煙斗，形似億萬富豪，不可一世。

上述十種自我防衛方式中又以下列三種方式較不利於人際關係的建立：

一、移置作用：將對某人或某事的情緒反應，轉移對象來發洩。如被長官訓斥或升遷不如意，改以家人為發洩情緒的對象。

二、合理化作用：以「自以為是的理由」來文飾自己的行為後果或心理感受。自己判斷錯誤，而怪罪幕僚資訊提供不足，找來一個代罪羔羊。自己不幸未升上某一職務，而以酸葡萄作用，推說該職位也沒什麼了不起，或指說因獲晉升者私下以不法手段爭起所造成的結果。

三、投射作用：「以小人之心度君子之腹」，自己對外界的看法卻說成別人的看法或作法。老是批評別人東不是、西不是，而這些不是，其實說穿了都是他個人的缺點。明太祖因當過和尚，所以對「光、禿、僧、生」等字眼恨之入骨；加上老是認為別人想加害於他，而大興文字獄。

第六節　憂鬱與求助

一時的情緒困擾可能較不礙事，但如果為時較久的情緒失調，就不得不提高警覺。世界衛生組織（WHO）宣告，廿一世紀憂鬱症、癌症與愛滋病將成為威脅人類的三

大疾病。近年來,自殺成為國人十大死因之一,且自殺的原因又多與憂鬱症有關,人稱「七先生」的諧星倪敏然自縊身亡,亦疑因患有嚴重憂鬱症所致,可見憂鬱症已然成為身心健康的隱形殺手。

人類本性即存在著七情六慾,當遇有不如意或不順遂時,心情低落是情理之事,但如果過度失序,將成為醫學上所認定的「憂鬱症」。國泰醫院精神科主治醫師邱偉哲指出,失業初期往往不會有焦慮,但若維持半年左右,尤其男性,就有憂鬱困擾之可能。邱醫師認為非自願性失業者由於多半沒有心理準備,因此當其遭開除、資遣、裁員時,反應多為憤怒,而屬於「內射型」性格者,將怪罪「是我自己做不好」。施雅薇(民 93)實證調查研究指出,國中生知覺到生活壓力(包括個人未來發展、學校生活、家庭生活、同儕關係、兩性交往等五變項)愈大,則憂鬱情緒程度愈嚴重。

究憂鬱情緒之成因,有採多因性之論點,認為係由基因體質因素、生物化學因素、社會心理因素等交互影響之結果。臨床研究指出,憂鬱情緒具有家族基因遺傳的可能性,憂鬱症的生物學病因與腦中樞神經化學及神經傳導物質異常有關。特殊的基因體質及生物化學的變化,引發個體在面對壓力事件時,基於負向的認知,而過度的情緒反應。

醫學上所認定的「憂鬱症」為一集合數種症狀的症候群,包含了情緒波動、行為改變、思想或認知的改變、生理的不適等四大變項。憂鬱症的外顯症狀為持續性的憂傷難過,並對於過去喜歡的事物失去興趣。林憲(1993)指

出憂鬱症的症狀為情緒遲滯、缺乏行動力量、苦悶、頭痛、心悸、兩眼無神、失眠、食慾不振等症狀群。Holmes（1997）以情緒、行為、生理、認知等四方面來說明憂鬱症的症狀，在情緒方面，會有悲傷、消沈、苦悶、空虛、煩躁不安、易怒等情緒。在行為方面，會有退縮、缺乏興趣、依賴且有自殺的意念。在生理方面，睡眠失常、四肢無力、頭痛、容易倦怠等症狀。在認知方面，精神不易集中、常有負面想法、無助感、無價值感等現象。因此個體在平常生活中，如常有下列各項症狀，極有可能有憂鬱症的傾向，應即早求醫診治。

一、不明原因的體重明顯變化。

二、無法入眠或睡得過多。

三、行動變得遲緩或躁動。

四、過度疲憊乏力。

五、極度貶抑自己，或有不明原因的罪感。

六、精神不集中、注意力差。

七、無助感、存有自殺的念頭。

　　有患憂鬱症之虞者，絕不可諱疾忌醫。憂鬱症的治療一般兼採藥物治療與心理治療雙管齊下的方式，但治療的結果旨在控制病情而非治癒，因據醫學臨床研究，憂鬱症如同糖尿病或高血壓患者，必需長期控制病情。在治療過程中，當事人盡量學習減少非理性想法，從事有益身心鬆弛與平衡的有氧運動，多參加和諧喜樂的宗教性活動，尤需仰賴周遭親友給予愛與關懷的高度社會支持。財團法人董氏基金會關心國人健康，商請心理衛生專家編製「台灣

人憂鬱症量表」及「青少年憂鬱情緒自我檢視表」兩種，
可供參考使用，茲摘錄如下：

台灣人憂鬱症量表（請你根據最近一星期內以來，身體與情緒的真正感覺，勾選最符合的選項）

	有或極少每週（一天以下）	有時候（1-2 天）	時常（3-4 天）	常常或總是（ 5-7 天）
01.我常常覺得想哭	⬛	⬛	⬛	⬛
02.我覺得心情不好	⬛	⬛	⬛	⬛
03.我覺得比以前容易發脾氣	⬛	⬛	⬛	⬛
04.我睡不好	⬛	⬛	⬛	⬛
05.我覺得不想吃東西	⬛	⬛	⬛	⬛
06.我覺得胸口悶悶的（心肝頭或胸坎綁綁）	⬛	⬛	⬛	⬛
07.我覺得不輕鬆、不舒服（不爽快）	⬛	⬛	⬛	⬛
08.我覺得身體疲勞虛弱、無力（身體很虛、沒力氣、元氣及體力）	⬛	⬛	⬛	⬛
09.我覺得很煩	⬛	⬛	⬛	⬛
10.我覺得記憶力不好	⬛	⬛	⬛	⬛
11.我覺得做事時無法專心	⬛	⬛	⬛	⬛
12.我覺得想事情或做事時，比平常要緩慢	⬛	⬛	⬛	⬛
13.我覺得比以前較沒信心	⬛	⬛	⬛	⬛
14.我覺得比較會往壞處想	⬛	⬛	⬛	⬛
15.我覺得想不開、甚至想死	⬛	⬛	⬛	⬛
16.我覺得對什麼事都失去興趣	⬛	⬛	⬛	⬛
17.我覺得身體不舒服（如頭痛、頭暈、心悸或肚子不舒服……等）	⬛	⬛	⬛	⬛
18.我覺得自己很沒用	⬛	⬛	⬛	⬛

青少年憂鬱情緒檢視表

若該句子符合你最近二週的情況，請勾選
「是」，若不符合，請勾選「否」。

	是	否
01.我覺得現在比以前容易失去耐心	○	○
02.我比平常更容易煩躁	○	○
03.我想離開目前的生活環境	○	○
04.我變得比以前容易生氣	○	○
05.我心情變得很不好	○	○
06.我變得整天懶洋洋、無精打采	○	○
07.我覺得身體不舒服	○	○
08.我常覺得胸悶	○	○
09.最近大多數時候我覺得全身無力	○	○
10.我變得睡眠不安寧，很容易失眠或驚醒	○	○
11.我變得很不想上學	○	○
12.我變得對許多事都失去興趣	○	○
13.我變得坐立不安，靜不下來	○	○
14.我變得只想一個人獨處	○	○
15.我變得什麼事都不想做	○	○
16.無論我做什麼都不會讓我變得更好	○	○
17.我覺得自己很差勁	○	○
18.我變得沒有辦法集中注意力	○	○
19.我對自己很失望	○	○
20.我想要消失不見	○	○

附錄：

教育部九二一大地震災區學校輔導（心理復健）工作計畫

一、目的

　　　　協調全國教育行政機關、各級學校及社會心理輔導與諮商資源，緊急動員有關心理輔導與諮商人力，積極參與九二一大地震災區學校輔導及師生心理復健服務，協助災區學校師生家庭及救難人員預防與治療災後心理創傷，增進校園心理衛生。

二、對象：災區學校師生、受傷學生、災區受難學生家屬及救難人員。

三、策略

　（一）各級學校部分：動員學校教職員工力量，以學校為核心，並結合社會輔導網絡資源，對全體學校師生進行團體輔導，並針對個案進行諮商服務。

　（二）各級教育行政主管機關部分：

　　　1、教育部暨災區縣市（南投、台中、雲林、苗栗、彰化）成立兩個層級「學生輔導支援中心」，結合資源，有效支援災區學校輔導工作，協助師生心理復健。.

　　　2、由各縣市政府、教育部中部辦公室及教育部依權責，分層督導所屬教育行政機關、學校及教師落實本計畫，並協調相關社會輔導諮詢支持系統，協助學校輔導工作。

（三）社會輔導諮詢支持系統部分：鼓勵社會輔導諮
詢支持系統參與本計畫，各級學校、縣市教育
行政主管機關應就近結合社會輔導諮詢支持系
統執行本計畫。

四、執行項目

（一）班級輔導：各級學校導師利用導師時間，對學
生進行班級輔導。

（二）進行認輔：將受災學生建立成冊，優先列為認
輔對象。

（三）團體輔導：由專業輔導教師及人員對受災學生
進行團體輔導。

（四）家庭訪視：對受災學生或教師，進行家庭訪
視，協助解決相關善後問題。

（五）個案諮商：對心理創傷嚴重之特殊個案，專業
輔導專教師及專業人員進行個案諮商。

（六）電話諮商：

1、開放各級學校輔導室（中心）及協調張老師
等各相關社會輔導諮商單位共同辦理電話諮
商服務。

2、縣市學生輔導支援中心安排輔導計畫輔導團
團員輪值，提供電話諮商及諮詢服務。

3、教育部學生輔導諮詢中心安排學者專家輪
值，提供縣市轉介之電話諮商及諮詢服務。

（七）轉介服務：各級學校輔導室（中心），應就學
生個案需要，辦理轉介服務工作，另協調東海

大學「中部社福機構專業社工人員資源整合促進會」等社會支持系統，進行義工家庭、家扶中心及暫時寄養等社會福利資源的提供與轉介服務工作。

（八）編印輔導資料：

1、各級學校應就生命教育、死亡教育、衛生教育、悲傷輔導等輔導教育子題，蒐集相關資料，發展輔導教材，以單張或編印成冊，以提升輔導諮商服務效益。（亦得由縣市學生輔導支援中心主導）。

2、教育部學生輔導支援中心發展急用基本輔導資料（個輔主題、團輔活動單等提供縣市及學校參考）。

（九）輔導人員培訓：委請國立彰化師範大學統整規劃，開設「心理復健工作坊」（半天、一天、二天）課程，邀集執行本計畫之相關輔導單位派員參加，提升個案追蹤輔導能力。

（十）成立輔導工作團隊：鼓勵大專院校及心理系所師生、輔導計畫輔導團團員，志願編組成立輔導工作團隊（三至五人一團隊），由縣市輔導支援中心統整運作，有效支援各學校輔導工作及師生心理復健。

（十一）建立追蹤輔導支援網絡：委請國立彰化師大輔導系所，協同中區大專院校輔導諮詢中心（嶺東商專），邀集全國主要輔導單位（台灣

師大、彰師大、高師大、張老師、省市高中輔
導團、各縣市青少年輔導計畫輔導團），以及
學者專家規畫整體九二一大地震災後心理復健
課程及後續追蹤輔導支援網路。

（十二）建立行政組織執行系統：

　　　　1、學校成立學生輔導工作小組，策訂學校
　　　　　　師生心理復健工作計畫。

　　　　2、災區縣市成立縣市學生輔導支援中心，
　　　　　　統籌支援各校師生心理復健工作。

　　　　3、教育部成立中央學生輔導支援中心，統
　　　　　　籌災區縣市輔導支援服務工作。

五、行動步驟

（一）九月二十八日前教育部於彰化師大成立「教育
　　　部學生輔導支援中心」。並協調災區縣市（南
　　　投、台中縣市、彰化、雲林、苗栗），學校成
　　　立學生輔導工作小組，青少年輔導計畫輔導團
　　　中心學校更名成立縣市學生輔導支援中心，安
　　　排輔導教師輪值，提供電話諮商及諮詢服務。

（二）九月三十日前大專心輔系所師生及本縣市輔導
　　　計畫輔導團團員完成輔導工作團隊編組，支援
　　　縣市提供可支援團員名單。

（三）教育部學生輔導支援中心自九月三十日起持續
　　　辦理短期（半天或一天）心理復健工作坊，為
　　　輔導師生行前研習。

（四）十月一日前教育部學生輔導支援中心完成個輔

及團輔基本參考資料，印送縣市學校參考。

（五）十月三日前災區學校提送學校輔導工作（師生心理復健）計畫，並向縣市支援中心尋求相關資源執行。

六、預期成效

（一）災區學校均成立學校學生輔導工作（師生心理復健）小組，策訂完成學校輔導工作計畫。

（二）災區學校均實施一般性團體輔導及班級輔導。

（三）受災學生均獲致個別諮商及小團體輔導服務及必要的家庭訪問輔導。

（四）國內輔導資源有效整合，落實運用於災變後師生心理復健。

組織病態與危機處理

第八章　偏差行為與防治

　　「十年樹木、百年樹人」，教育工作是百年樹人的偉業，校園是教育工作的基點，理應是學子快樂生活、健康成長、自主學習的樂園。曾幾何時，校園衝突、校園暴行、學子偏差行為，甚至違法犯科案件層出不窮，怎不令社會各界為之震驚，尤其是學校師生與家長更是憂心莫名。青少年偏差行為、犯罪行為，不僅是單一個體或單一家庭的折損，而是緊密干係著整體教育組織發展的順遂或危機，更是國家社會興　命脈之所繫。因此，如何有效預防青少年偏差行為，或處理因偏差行為所引發的危機，是政府施政上的一大課題。各有司單位應妥適探究青少年偏差行為之導因何在，研擬有效預防及處理之道。

　　本章在第一節中，探討青少年偏差行為之成因，依實証研究結果，發現計有生理、心理、家庭、學校、社會等各項因素所促成。在第二節中，探討社會學習理論的意涵，主張犯罪行為是在溝通交往中，與他人互動學習而來的，因此優質的生活環境與健康的傳播節目，更形重要。在第三節中，探討時下青少年偏差行為的五大態樣，計包括「黑幫為伍少年行」、「網咖盛行風、e世代『亡』路行？」、「鍾情古惑女，漫畫害死你」、「紋龍刺鳳心酸淚」、「青春不搖頭、反毒齊步走」。在第四節中，探討

校園暴行的現況。在第五節中，分別從教育機關之因應作為、警政機關之策略作為、防治幫派滲入校園、師生關係之重塑、學生次級文化之瞭解等面向，提出偏差行為防治策略的具體作為。

第一節　偏差行為之成因

從青少年自陳犯罪原因之實証研究，及全國各地方法院統計資料以觀，發現青少年犯罪原因計有生理、心理、家庭、學校、社會等項。

一、家庭因素：家庭暴力、家庭功能不彰等，景美女中張富貞命案兇嫌郭慶和出身破碎家庭、父母離異；白曉燕命案主犯陳進興父不詳，自幼與祖母相依為命，從十三歲起就被環境捲入犯罪的循環深淵。

二、學校因素：包括師生關係不良、同學關係不良、對課業缺乏興趣、升學壓力太重、教學內容與方式偏枯等項。

三、不良交友因素：包括結交不良朋友、參加不良幫派等項。

四、社會環境因素：包括不良書刊影片氾濫、不良社會風氣盛行、不良場所充斥等項。（行政院青年輔導委員會，民85）。

除上述有關本土地區之調查研究資料外，相關之青少年犯罪原因理論也頗值得探討，如學習理論、低階文化論、標籤理論、社會結構論、文化衝突理論等。

一、學習理論：認為青少年犯罪來自於對社會不良行為的學習。如不良媒體氾濫不利於青少年人格的塑造。

二、低階文化理論：低階文化常與主流文化持相反的論調，部分青少年如信奉低階文化，即易心生叛逆、惹事生非、追求刺激。

三、標籤理論：從社會環境因素影響個體行為的觀點，認為人的行為之所以變得不正常，主要是別人說他不正常所致。如學校所謂「放牛班」對學生心理產生了標記作用；或老師對學生標記為「你是問題少年」。

四、社會結構論：認為青少年之所以會犯罪是由於社會功能不彰，產生「失序」的結果所致。

五、文化衝突理論：各級系統成員間的認知、信念、價值觀等差異，進而衍生的衝突，常是造成青少年問題的主因之一。如美國各移民雜居地區之青少年問題，或台灣原住民在都會區求生存遭遇不公平待遇而觸犯法網之案例，或水里國中原漢衝突導致集體鬥毆之事例等。

六、犯罪心理學理論：

（一）不可改變之個人內在因素：特質論（智力低弱）、本能論、成熟論。

（二）可改變之個人內在因素：情緒衝突論、認同論、道德發展論、情緒控制論。

（三）人際間因素：家庭動力論、歸因論、社會學習論。

　　另有學者專家將青少年犯罪原因及發展出之適切防治策略作為予以歸納（黃富源，民 85），茲列述如下表：

青少年犯罪原因與防治策略對照表

犯罪原因	防治模式及作為
生理異常／疾病	生物體質防治模式 生物／生理學的－提升健康
心理困擾或失常	心理防治模式
與他人疏離孤寂	強化社會鍵防治模式 社會網絡的發展連結
犯罪者之影響	削弱犯罪影響防治模式 減少犯罪者影響 導引離開犯罪規範
能力不足	能力強化防治模式 培養改變或控制外在環境的能力
不適切的角色發展	健全角色發展模式 輔導發展為服務、生產、學生角色
缺乏適切的休閒活動	正當休閒活動防治模式 協助安排或鼓勵參加正當休閒活動
人際關係處理不當	社交技巧防治模式 加強待人處事之認知、情意、道德等知識與技巧
角色期待衝突	社會期待防治模式 協助學習認知並調適不同團體組織對青少年角色的期待

經濟需求	滿足經濟需求防治模式 提供基本經濟需求以排除非行的誘惑
低估犯罪成本	威嚇防治模式 教育認知犯罪所應付出之代價 預防措施的早期介入
社會標籤反應	去除標籤防治模式 揚棄法律性的控制，增加對青少年非行的容忍 ——正式的免除司法標籤 ——非正式的免除司法標籤 ——雙重的免除司法標籤

資料來源：修改自黃富源，民 85：128

第二節　社會學習理論之意涵

美國心理家班都拉（A. Bandura，1977）於一九六八年倡導社會學習理論，強調個體的行為模式可透過觀察、模仿他人的行為而內化。如男女性別角色的認同頗受社會因素的左右，父母買給男童的玩具通常為刀槍，其攻擊行為被視為較具有競爭力，反觀女童的玩具較常是洋娃娃，其攻擊行為也較易受到斥責。

Sutherland（1978）提出的差別結合理論（theory of differential association），主張個體之所以犯罪，是他所服

從所屬團體的生活規範，不為大環境社會所接納所致。而其立論的另一面向，也充分說明了犯罪行為是在溝通交往中，與他人互動學習而來的。

　　個體的社會化（socialization）為一社會學習理論典型的過程，個體經由家庭、學校、社會等不同系統與他人的互動，學習到符合社會要求的行為。從和諧理論的觀點來看，社會化為文化的傳承，用以維持社會的穩定、和諧與發展；但就衝突理論的的觀點，則認為社會化為支配團體的文化再製。支配團體透過各種管道，主宰社會各項制度、教育方式或內容，將其支配的作為合理化，以求有效維持社會現狀，繼續支配從屬團體。如在教材內，勞工階級被剝削的事實略而不談；弱勢族群被描述為野蠻民族；女性被界定只能從事「女性化」的職業；執政黨的豐功偉績被詳細地描述，施政缺點與失敗則被省略。

　　社會學習理論架構中，同儕互動關係為一不可忽略的課題。在青少年人際關係中的參照團體裡，同儕互動扮演著極為重要的角色。換句話說，同儕的互動是青少年時期影響個體最強而深化的社會化機制，認同同儕也成為青少年急需獲得的心理滿足。俗語「近朱者赤，近墨者黑」，在青少年犯罪與同儕關係中得到了印證，當青少年與有犯罪習性的同儕密切交往，會迅速學習犯罪行為之模式、態度、次文化，並漸漸與正常守法之同儕疏遠（張華葆，民80；馬傳鎮等，民85）。

　　至於電視與資訊在現今社會也扮演著社會學習的重要管道，心理學家將電視視為「家庭成員」，可見大眾傳媒

在個人生活中所占的份量。就社會學習理論所強調的觀察模仿過程而言，個體透過傳媒的觀賞浸淫，無意中學得一些似是而非的價值觀。除了電視，電腦也成為青少年朋友的最愛，張老師基金會於八十九年十一月上旬，透過網路進行「家庭溫柔指數」調查，共計有近三萬人次參與，受訪的網友以二十五歲以下最多，約佔七成二。調查結果顯示，近四成二十五歲以下的網友與家人互動出現危機，他們與電腦相處的時間要多過與家人的互動。網路迅速且方便各項資訊的取得與交換，而它的隱密性更成為 e 世代少年的新寵，他們透過手機、網路，可在毫無監視情況下暢通無阻。無可諱言，隱密性加上少年自制力的薄弱，經常呈現出令人扼腕的不幸事件，如青少年因沉迷網路，甚或接觸不良資訊及網路陷阱，衍生親子關係惡化、少年逃學逃家、少女被騙、援助交際等家庭和社會問題。另從內外控信念（locus of control）也可加以說明青少年在學習各項行為信念的傾向，具備內控（internal control）信念者雖認為一切操之在己，但衡諸時下耍酷鬥狠、物慾追求總較沈隱上進、遲緩滿足來得易學易做。若係持外控（external control）信念者相信凡事操之在外，則更易隨波逐流。

第三節　偏差行為之態樣

態樣一：「黑幫」為伍少年行

　　人稱「蚊哥」黑道教父許海清之喪，台、日、澳三地黑道大張旗鼓動員，率領旗下上萬人前往致意，

其中不乏臉孔青澀的「竹葉青」，黑道英雄式的崇拜，青少年容易產生價值觀的混亂，一失足跌入黑道深淵。筆者憶及台北市議會第八屆第二次定期大會市政總質詢期間，李彥秀議員於八十八年十二月六日發布一則備受各界矚目的消息指出，其個人就台北市高中職學生做了一份問卷調查，結果發現 0.9％（約 1200 名）高中職學生參加幫派組織，8.5％（約 11500 名）學生曾攜帶刀械上學。消息發布後，各大報及電視媒體逐相報導校園黑幫問題的嚴重性。

當然，數據來源可信度如何？過度的報導是否會讓家長對學校教育喪失信心？是否會讓青年學子對周遭學習環境喘喘不安？是另一層面思考的問題。但社會各界對於青少年問題的關心乃是一可喜現象，相關數據情資更值得有關當局予以重視。從政府公布的官方統計數字來看，警察機關歷年來檢肅吸收學生入幫之不良幫派組合案件，遠不如媒體的報導及家長的憂心。這與此類案件之追訴證據不易掌握有關，但不諱言的是，部分學生家長與學校當局的諱疾忌醫，及警察機關的粉飾太平，常會加劇此類案件犯罪黑數的形成。

青少年學子是社會未來的主人翁，理應受到家人、師長及社會各界的關懷愛護，在健康快樂的環境下成長才對，為何會不想回家、就學，而甘願身陷黑幫，難道他們真有不足為外人道的苦衷？

根據到案之個案分析，發現有一值得各界重視的現象，即是青少年失去對家庭學校的認同，反而對他

所涉入的幫派有高度的認同感。根據學者專家研究指出，青少年對「愛和隸屬的滿足」有強烈的需求，假如家庭或學校無法給予適度的滿足，青少年即有可能轉向認同不良的同儕團體。換句話說，從內在因素來看，當青少年因學習障礙、課業不佳而失去自信心，或不為家庭師長所認同時，是走上歧路的主因之一；另從外在因素來看，當有不良同儕團體從旁聳恿，青少年因智慮未深，也很容易步上歧途。其次，青少年的盲從認同、追求流行、放縱慾望等心態，也是造成青少年偏差行為，甚或犯罪行為的重要因素。

幫派滲入校園吸收青年學子的問題確實不容小覷，警察局、教育局與各級學校必須密切配合，推動各項有效的防治策進作為。為有效防治幫派滲入校園，相關的策略作應可從三項主軸工作著手。

其一，為針對成人幫派部分，責由各警政單位加強檢肅，以掌握有無吸收青少年入幫情事。幫派組合吸收青少年入幫的態樣概為：在青少年經常出入場所以搭訕、公司徵人、給予工作、報酬、或贈送青少年最愛，引誘入幫；以公司名義登報徵求學生，聘僱為職員從事不法。針對中輟生以安排工作機會或代為處理糾紛、解決困難為誘因，吸收引誘入幫；以傳統廟會活動吸收青少年加入。

其二，為針對青少年部分，應加強「學校訪問」、「加強少年保護措施」、「校園周邊及青少年易聚集場所巡邏查察」、「街頭輔導、遇案輔導、到

隊輔導、到校輔導」等措施，以加強關懷青少年，協
助青少年遠離犯罪並避免受害；運用社區資源廣建校
園周邊治安諮詢網絡，掌握學生校外活動情況；並積
極協尋中輟學生，追查渠等交往及活動情形。

其三，為淨化社會生活環境，加強青少年易出
入場所的臨檢查察，於發現業者違法違規時即依法
查處。

基於保護青少年的立場，身為家長及為人師表
者，亦應突破舊有的窠臼，若發現自己的子女或學生
可能為幫派吸收的話，務必勇於出面檢舉，因大部分
少年係一時無知或懾於不法分子的淫威而被牽著鼻子
走，究其實際係為「被害人」；縱然自己的子弟或學
生容或有所不法，也不應姑息，應及早拉他一把，以
免愈陷愈深，難以自拔。在實務上，發現部分家長深
恐子弟有不良紀錄，縱使得知子弟有加入幫派之嫌，
在己力無法輔導挽回時，亦諱莫如深。另外有當警政
當局已根據線索查辦之際，或找民意代表出面干涉，
或透過媒體放話要「告死警察」的，也大有人在。真
不知身為家長者，此種袒護作為將為帶給自己子女多
嚴重的反教育，讓其陷入永無回頭的深淵。

此外，建議學校利用各種教育機會加強宣導，讓
學生對不良幫派之違法性與其危害性有所認知，進而
形成防範排拒幫派的意識。主動清查學生有無參與或
組織不良幫派。落實校外聯巡，加強各類娛樂場所及
青少年易聚集或滋事場所之查察。學校只要發現學生

參與或組織不良幫派時，應立即通知警察機關配合辦理自首或解散，不得為了校譽而姑息。

態樣二：網咖盛行風、ｅ世代「亡」路行？

以 Internet 架構而成的電子新世代，網路代替馬路為必然的趨勢，迅速且方便各項資訊的取得與交換，而它的隱密性更成為ｅ世代少年的新寵，他們透過手機、網路，可在毫無監視情況下暢通無阻。無可諱言，隱密性加上少年自制力的薄弱，經常呈現出令人扼腕的不幸事件，如青少年因沉迷網路，甚或接觸不良資訊及網路陷阱，衍生親子關係惡化、少年逃學逃家、少女被騙、援助交際等家庭和社會問題。

張老師基金會於八十九年十一月上旬，透過網路進行「家庭溫柔指數」調查，共計有近三萬人次參與，受訪的網友以二十五歲以下最多，約佔七成二。調查結果顯示，近四成二十五歲以下的網友與家人互動出現危機，他們與電腦相處的時間要多過與家人的互動。

在個案方面，發現少數蹺家少女，利用網路咖啡店上網，透過成人網頁聊天室，主動尋求「援助交際」以賺取生活費。也有國中少女上網認識網友後，獨赴遠地會晤網友而與家人失去連絡，凡上述種種，不禁令人嘆謂「ｅ世代亡路行」。

時下流行的「網路咖啡店」，顧名思義，即知係以提供上網服務為主，兼提供飲料（包括咖啡）的營

業場所。此等場所由美日等資訊業發達的國家發跡，但最為盛行的則為韓國，而到了民國九十年初，台灣地區可說後來居上。根據向陽基金會九十年五月廿六日發布的調查數據顯示，不分城鄉約有五成的國高中學生沉迷網咖，他們上網咖主要的是「玩線上遊戲」，佔 64.6%；其次是「上網聊天」，佔 56.2%。青少年沉迷網咖的程度如何？部分學校老師認為學生不吃飯也要上網咖，也有部分家長發現子女利用三更半夜偷蹓出去上網咖。

台北市少年輔導委員會於輔導少年實務上，鑑於為輔導少年正確使用網路，特於九十年八月二十日辦理「e 電少年網路交友 e 把罩」網頁宣導啟用儀式，於會中提出「二要、三不」宣言，提供家長及少年參考。所謂「二要」，即家長「要」多關心、放心子女使用網路情形，親子之間「要」約法三章，約定如何正當使用網路。所謂「三不」，是指「不沉迷」，少年從事網路活動，不沉迷其中而影響功課或身體健康；其次指「不露像」，少年利用網路聊天或交友時，不暴露自己相貌及個人隱私資料；再次指「不私下交往」，少年運用網路交友，以不私下交往為原則，以保護自己和家人。

九十年十二月十日，在韓國世界電玩大賽勇奪冠軍的「電玩小子」曾政承（時年十七歲、國中畢業後未再就學）偕同隊友搭機返台，媒體大幅報導，似有一舉成名天下知之勢。同日在立法院教育與預算聯席

委員會上就有關「電玩與教育」的問題頓成問政焦
點。至於是否鼓勵少年學生上網咖？教育部長曾志朗
表示贊成結合新興科技與資優教育，但認為網咖仍應
適度設限，杜絕學生沉迷電玩。前清華大學校長沈君
山也表示，電玩隨時可玩，因此容易沉迷，且容易造
成人際疏離、影響身心長遠發展。也有部分家長表
示，曾政承只是剛好符合業者要求的特例，希望媒體
不要以此個例來闡釋「行行出狀元」的意涵，否則擔
心少年走火入魔，把過度沉迷的遊戲合理化。

　　青少年流連網咖造成的社會問題，政府機關當然
不能視若無睹，行政院張俊雄院長在九十年五月三十
日指示經濟部、教育部、新聞局等部會派員到韓國取
經，以研訂專法管理。台北市政府有鑑於青少年之保
護刻不容緩，曾辦理多次公聽會，終能於九十年六月
十二日市政會議中，通過「台北市電腦網路遊戲業管
理自治條例」草案。凡上所述，在在說明政府正視網咖
危害青少年身心發展的問題，並積極介入處理的態度。

態樣三：鍾情古惑女，漫畫害死你

　　漫畫曾陪伴許許多多的青少年度過青澀年代，過
去如此，現在如此，未來相信也將如此。然而，時下
的漫畫帶給青少年朋友的，似乎害多於利，也因此多
數的家長深以為憂，家長憂心的是，子女沉迷於漫畫
的情節而荒廢了學業。

　　坊間漫畫書店林立，生意興隆，漫畫內容五花八

門。多數漫畫書店占地不大，內部隔間昏暗，極易藏污納垢，營業時間更有廿四小時全天候開放，對青少年身心發展形成極大的負面影響。

　　青少年處於成長叛逆時期，具有高度嘗新興趣，學習模仿能力強，加上容易認同「英雄角色作為」，因此不適當的書刊雜誌，極易造成少年朋友學習認同上的危機。而時下觸目驚心的漫畫書刊，如香港出版的「古惑女」、「少年陳近南」、「山雞傳奇」即充斥著少年鬥毆、飆車、刺青等血腥畫面；另如日本出版的「黑街教父」、「百億之男」等則色情滿篇，極盡煽情之能事，根本不亞於限制級電影。

　　從警察機關所查獲少年暴力犯罪案件來看，犯罪手法及犯罪工具，與漫畫中描繪的形式多有雷同。嗑藥風氣（如搖頭丸的盛行）、色情氾濫等不法作為，也不乏認同漫畫中的男女主角。綜合上述，印證了學者所提「犯罪社會學習」理論。

態樣四：「紋龍刺鳳」心酸淚

　　烙印皮膚表層的龍鳳容易去除，但深烙心靈的陰霾卻不易清滌，尤其少年朋友的一時衝動，常造成家長無限的痛心。九十年五月二十一日，王姓市民氣急敗壞地到北市萬華分局武昌派出所報案，指出十七歲的女兒於日前花了一千元，委請西門町紋身師傅在其左手臂紋上一隻海豚圖案，王姓市民堅持指控柯姓紋身師傅涉嫌傷害。

　　根據統計數字顯示，台灣桃園少年輔育院收容六三六名少年中，有三一三名身上有刺青圖樣（八十八年八月資料），同樣彰化少年輔育院收容學生有五、六成身上刺青（八十九年十月資料）。

　　耍酷少年在好奇心驅使、趕時髦，加上同儕的慫恿下，義無反顧地在身上留下了各式各樣的奇特標誌。紋身位置除常見的手臂、大腿、胸部、背部外，女性少年也有在乳部、隱私處留下情人的暱稱。小面積圖樣簡單的，是由朋友之間你刺我、我刺你給刺出來的，圖案精緻複雜的，多是專業紋身師傅的傑作。

　　不論是同儕之間的互刺，或是經由刺青師傅的紋身，消毒衛生不夠，極易感染疾病則是不爭的事實。同儕間利用同一針頭多次在不同人身上使用，其相關衛生可想而知，就算刺青行業，相關器具的消毒亦難臻理想。經研究少年朋友紋身的動機，以好奇心驅使居首位，其次分別為懷念某人，趕時髦、加入幫派的標誌。紋身的位置以手臂、肩膀居多，也有紋滿上半身，或是個人隱私處。刺青的標誌形形色色，包括文字，如「忍」、「恨」字，人物，花朵，武士，龍鳳，骷髏等不一而足。

　　時過境遷，當時露出紋身人見人怕、自以為是的傻樣，不久即因別人異樣眼光、同學排擠、求職踫壁，甚至擔心被貼上標籤造成當兵的困擾，而不得不用煙頭燙、塗點痣藥水，甚至用硫酸洗，不但去除不了，還留下了更大的疤痕。唯一正途，乃向醫師求

診，利用雷射去除烙痕，也藉此洗刷心中的陰霾。但因雷射去除刺青既不能以健保給付，且價格不便宜，加上療程常需三或四次，每次間隔三至四週休養期，歷時三至六個月也不見得能全然去除，有鑑於此，凡動心起念想去紋身的少年朋友，一定要三思而後行。

態樣五：青春不搖頭、反毒齊步走

監察院九十二年六月十八日針對行政院防治毒品不力，通過糾正案。監院指出根據內政部統計資料，少年毒品犯罪有逐漸氾濫趨勢，政府相關部會多年來雖辦理宣導，卻未能注重宣導技巧，使得反毒宣導流於形式，沒有實質幫助。民調發現，百分之七十民眾不滿政府宣導效果，可見政府反毒教育宣導工作，亟需改進。

一般人所謂的「藥物濫用」，係指非以醫療為目的而使用藥物，且過度及強迫性的濫用該藥物，而使用該藥物的結果將傷害個人健康、社會適應、職業適應、甚至危害到整體社會。青少年接觸毒品的原因為多因性，其中學者所持「近朱則赤、近墨則黑」的差別結合理論，認為青少年的濫用藥物行為，主要是青少年和具有偏差行為的同儕結合在一起，為了取得同儕的接納而使用藥物，或在團體中學習到用藥的方法、動機、態度以及對用藥行為的合理化。

至於那些場所為青少年用來嗑藥的絕佳去處？其實只要隱密性夠，都有可能。一些場所或許是一中性

處所，但在「不同的時間」、「不同的族群組合」，即容易讓青少年朋友成為被害的對象，或加速其沾染到一些惡習。暑假期間，撞球場、舞場、ＫＴＶ及公園、夜市街道等公共場所，皆是青少年朋友流連忘返的地方，青少年朋友也經常因同儕的團體動力，而做出平常個人不敢做的事，如舉止囂張，惹火其他少年團體而打群架；因同儕的唆使而濫用藥物；身不由己而擔任恐嚇取財的幫兇。

　　圍堵並非好方法，但也是不得不實施的勤務作為，如果能以更正面積極性的活動來取代（如暑期夜間炫光籃球賽、新聞處主辦的市政之約、警察局主辦的少年春風營隊），對青少年將是有益的。

　　毒品之危害身心甚大，以常見的毒品為例，安非他命（二級毒品）之毒害，為興奮快感、頭痛盜汗、食慾不振、情緒煩躁、精神呆滯。FM2（三級毒品）之毒害，為強力安眠、具心理生理依賴性、過度使用會引起嗜睡、注意力無法集中、反應能力下降、焦躁不安。MDMA（二級毒品、俗稱快樂丸）之毒害，為興奮中樞神經並具迷幻作用、具心理生理依賴性造成強迫性使用，引致抑鬱及精神錯亂，亦時有惶恐不安感。

　　校園學生吸食搖頭丸的情形也是各界關注的焦點，教育局局長李錫津八十九年十一月間在議會備詢時，指出全市約有一千五百名學生篩檢出有服食搖頭丸的經驗。但議員陳雪芬以問卷方式由學生自陳，指出全台北市約有六千多名學生有過服用搖頭丸的經驗。

　　台北市轄內有不肖份子利用 PUB、舞場等處所（如大同區承德路三段的迷城 PUB、中山區林森北路的快樂谷舞廳、錦州街的 FUTURE PUB、長春路的魔術 PUB、新生北路的 CHINA PUB、雙城街的田莊 PUB、南京東路三段的 TEXOUND PUB、林森北路的 GOA PUB、大安區忠孝東路四段的 FACE PUB、辛亥路的宏頂 PUB、復興南路的 ROCK　CANDY PUB、信義區光復南路的太極 PUB），販售大麻、快樂丸、FM2 等毒品，嚴重戕害青少年的身心發展。

　　值得深思的是全國各地類似該等成為治安顧慮場所，或為無照營業、或超出營業範圍，根本之計，應勒令停業歇業從根拔起，永無販毒危害情事發生，而非任其存在。市府不應再有任何選票考量，該拿出魄力，讓所有非法營業的夜間場所全部關門大吉，別再讓非法八大行業多於合法八大行業的奇怪數據，繼續存在市府列管的檔案裡，因為非法營業的場所，消防安全大部份都不合規定，相對發生災害的可能性也比較高。

　　但更重要的是呼籲青少年朋友切記有了毒癮是難以戒除的，因此絕對不可有第一次。

第四節　校園暴行

　　校園是一次級社會系統，不論「互動論」或「衝突論」都承認校園衝突是不足為奇的現象。「互動論」認為

人與人經由互動與溝通來維持社會或改變社會。人與人互動過程中，產生了合作、競爭、衝突、敵對、強制與交換等不同方式的行為類型，其中有關「衝突」係各類行為模式中的一種而已。而「衝突論」認為社會各部門因目標、地位不一致，各部門為爭取「優勢地位」與「豐碩利益」，致因對立而衝突。華勒（W.Waller）分析師生關係時，強調它是一種制度化的「支配－從屬」關係，亦即師生關係是對立、衝突、強制與不平等的。

　　校園衝突事件的形成概分為四個階段，分別為「潛在對立階段」，因組織結構不良、溝通不良、個人偏見等因素而形成潛在對立的情境；「認知及個人介入階段」，在潛在對立情境存在的前提下，當事人情緒介入後，即會認知（感受）焦慮、挫折，衝突於焉形成；「行為反應階段」，由認知之心理狀態轉為實際對外行為反應，包括由間接到直接，由緩和到激烈等作法，以阻礙對方達成目標及防止其利益擴張之行為；「行為結果階段」，衝突行為發生後，產生「負面效果」，如引發挫折感、破壞團體和諧、降低群體績效，但也可產生部分「正面效果」，如促成雙方自我檢討、紓解緊張情緒、改進雙方關係、提升群體績效。為有效解決雙方之衝突，在「結構性管理」方面，可藉由組織結構的重建來隔離衝突的主體，如調整師生所屬的班級。在「人際性管理」方面，可藉由說服、協議、第三者居中協商等方式解決。

　　校園暴行為校園衝突事件中更受矚目的一環，如七十六年六月廿二日新竹縣山崎高工校長蕭享湖遭學生張仁政

殺害；八十四年十月十二日屏東竹田國中黃信樺老師被謝姓同學以書包擊傷不治致死；台北市成淵國中八十四年十二月間，五位男同學集體對二十位女同學性騷擾，致該校前校長、教務主任、訓導主任、輔導主任等遭監察院於八十五年四月間以「疏於訓輔工作，致學生多次集體性騷擾事件」為由予以彈劾；八十五年五月二日台北市大直國中男學生企圖強暴女學生未遂案，導致女學生兩度割腕自殺。類此校園暴行一有發生，即震驚社會各界。

　　國家科學委員會委託暨南大學社會政策與社會工作研究所教授陳麗欣於八十六學年度從事校園暴行之研究，其研究樣本係依省市、縣市地區分布，以及學校規模大小等特性，抽樣調查三十二所國中 1170 個班級的教師，共收回930 份問卷，並訪談二十四名國中教師。研究發現：有 69.8%老師表示曾經驗過校園暴力（包括學生語言暴力 69.5%、家長語言暴力 23.5%、肢體暴力 1.9%等三項）；有 53.5％表示有被害恐懼感；有近四成的老師曾因而想離開教職；國中老師最常碰到的校園暴行是與學生在課堂起衝突，或學生言詞侮辱兩種；校園氣氛越傾向權威、處罰學生取向的學校，教師越擔心成為校園暴行的受害者；在教學上、管教方式上，以學生為中心的民主態度及指導關懷的老師，比較能夠避免學生暴力相向；自我防衛型、體罰禁制型、對學生表現滿足感較低、學校人際關係較差、對家長影響力持負面看法的老師，對校園暴力的恐懼感較高。

　　教育部亦於八十六年度以全國大專、高中職、國中小為對象進行調查，結果發現：校園暴力事件計達 1149 件，

涉案人達 2836 人，造成 14 人死亡、445 人受傷；校園暴力事件中以「學生鬥毆事件」最為嚴重，八十六學年度學生鬥毆事件較前一年增加約三成，涉案人數增加五成三；近兩年來師生管教衝突事件、學生抗爭事件有明顯增加趨勢，師生衝突八十五學年度為 61 件，八十六學年度為 98 件。

　　人本教育基金會呼籲學校不要低估了校園師生衝突事件的嚴重性，尤其是已走向民主社會之際，學生希望師長以民主、開明的態度和學生相處溝通；打罵、動輒訓斥的管教方式，不但易引發師生對立、衝突，老師打得愈凶、罵得愈大聲，學生反彈的情形愈嚴重。

第五節　防治策略作為

　　青少年偏差行為之防治工作經緯萬端，茲分別就教育機關之因應作為、警政機關之策略作為、防治幫派滲入校園、師生關係之重塑、學生次級文化之瞭解等面向，扼要的提出具體建議。

一、教育機關之因應作為：

　　教育機關職司教化功能，對於青少年問題的防治向來責無旁貸，尤以「學校因素」為諸多研究文獻論據為青少年偏差行為產生之主因之一，職是，社會各界莫不要求教育機關應直接擔負青少年犯罪問題防處之第一線任務。綜觀教育機關在此方面的努力，不外：

　　（一）推展親職教育，強化家庭親職功能，預防青少年犯罪。

（二）加強學生偏差行為之輔導功能，講究教育輔導策略，如設置「成長小團體」充分懂得他們的心。

（三）附設補校提供失學青年之輔導。

（四）加強道德、生活、休閒、法律、正確價值觀等教育。

（五）實施正常教學，減低課業壓力，提高學生學習成就感。

（六）留意學生犯罪行為徵候，預防事態愈發嚴重。

（七）指導學生遠離暴力、色情、毒品等不良場所、書刊、傳媒。

（八）加強預警策略（多接近學生，讓學生成為諮詢對象）。

（九）要求或鼓勵多元參與（不是任何一位教師唱獨腳戲）。

（十）設置申訴管道、檢舉管道。

（十一）家長會的成立、自主性社團及社會資源的引進。

二、警政機關之策略作為：

少年為國家未來的主人翁，其行為之良窳攸關整體社會治安至鉅。因此，防範青少年犯罪向來為治安工作重點。內政部警政署曾通令各警察機關加強執行青少年保護措施，用以防制青少年犯罪及偏差行為。茲將其作為扼要摘述如下：

（一）要求各級警察同仁於勤務中適時勸（輔）導與轉介通報：

1、勤務中發現青少年深夜遊蕩或出入足以妨害身心發展之場所，適時予以勸導，並視狀況，通知其父母、學校加強管教，或請少輔組派員集中輔導。

2、發現青少年有受虐、貧病、孤苦無依、無家可歸在外流浪等情形，則通報社政機關予以適當安置保護，並給予必要協助。

3、發現輟學青少年即通報教育機關處理。

4、處理違反少年福利法、兒童福利法、兒童及少年性交易防制條例等案件，即通知主管機關加強有關安置及保護事宜。

（二）查輔列管少年及轉介：

1、對列管少年，利用直接查察方式，詢問其生活、工作、交往、活動情形；或以側面瞭解其生活言行或不法可疑情形，以有效掌握其動態，防制再犯。

2、若於查訪中發現列管少年有受虐、貧病、孤苦無依、無家可歸在外流浪等情形，則通報社政機關予以適當安置保護，並給予必要協助。

（三）加強校園安全維護：

1、密切防處學校週邊不良青少年及幫派分子之活動。

2、於校園週遭廣設巡邏箱，針對學生上下學時段，規劃巡邏守望勤務，以確保校園及學生安全。

3、發現經常逃學、失學或違反校規、社會生活
規範之學生，除依法處理外，並分別通知學
校、家長及少輔組予以適當輔導。

4、獲知校園發生暴力、學生參加不良幫派或其
他不法情事時，即時聯繫學校進行偵查。

（四）利用寒暑假協同學校、公益團體辦理有益青少
年身心發展之活動，並藉機實施犯罪預防及生
活法律之宣導。

（五）加強保護少年措施（俗稱宵禁）：藉由警察勤
務作為，於深夜時段（0-5時）加強臨檢查察，
如發現少年深夜在外遊蕩或出入不當場所者，
實施勸導登記或通知其父母或監護人或家屬領
回妥善管教，或施以輔導、救助，以加強保護
青少年身心發展及有效預防少年犯罪。並對青
少年父母及業者加重罰則，茲以台北市為例，
該市對不肖業者於深夜放任少年出入者，律定
五項原則，採從重從嚴之處置－－斷水斷電、停
業、勒令歇業等處分。其五項原則分別為：業
者同時違反少年福利法及社會秩序維護法等相
關法令規定者；少年福利法第十九條所列場所
（酒家、酒吧、酒館、舞場、特種咖啡室、其
他足以妨害少年身心健康之場所）僱用未滿十
八歲之少年擔任侍應者；無照營業且容留少年
於內消費者；曾多次觸犯社會秩序維護法或少
年福利法紀錄及違規營業者；深夜容留未滿十

八歲之少年於該場所內消費，且人數眾多者。
上述之作法常因執行時段、地點、方式之不同
而有不同之方案名稱，如「春風專案」、「旭
日臨檢」等。

（六）除上述之作為外，各警察機關分設少年警察隊，
　　　專責防處青少年事件。其相關作為，略述如下：

　　　1、少年犯罪案件之預防與偵處：公共及易於滋
　　　　　事場所之巡邏、勸導及臨檢查察；離家出走
　　　　　及脫逃少年之協尋；流浪少年之調查處理；
　　　　　逃學少年之協尋及學校聯絡；少年滋事之取
　　　　　締；少年犯罪之調查；少年虞犯及不良行為
　　　　　之防治。

　　　2、青少年留隊輔導：接受家長委託，施行留隊
　　　　　輔導，矯正偏差行為，輔導後予以追蹤輔導
　　　　　一年。

（七）台北市另以任務編組方式，設置少年輔導委員
　　　會，其組成為：市長兼任主任委員，秘書長、
　　　警察局長、教育局長、社會局長等四人兼副主
　　　任委員，聘請學者專家多名為委員，常設幹部
　　　計有四十八位專職輔導員、二五二位義務工作
　　　人員。其角色作為如下：少年犯罪防治計畫之
　　　制訂與協調執行；個案輔導與團體輔導；結合
　　　有關單位加強少年偏差行為預防工作；推廣親
　　　職教育；舉辦青少年文康育樂活動；義工組訓
　　　與轉介服務。

三、防治幫派滲入校園：

　　不良幫派的存在將劣化少年總體發展環境，引誘少年偏離正常社會生活甚至導致犯罪，並在在威脅少年生活安全。而引誘青少年加入幫派後，根據「越早進入司法體系，停留在司法體系的時間將越長」論點，青少年對社會的危害將益形嚴重。

　　實務上發現幫派吸收學生態樣，為在少年經常出入場所（電動玩具店、泡沫紅茶店、撞球店、KTV、俱樂部、PUB 等）以搭訕、公司徵人、給予工作、報酬或贈送少年最愛（呼叫器、行動電話、機車）等方式，引誘入幫；或以公司名義登報徵求學生，聘僱為職員從事不法；或係針對中輟生以安排工作機會或代為處理糾紛、解決困難為誘因，吸收引誘入幫；也有以傳統廟會活動如八家將、金龍陣等吸收學生加入，以廟會活動掩護不法行為。

　　經分析幫派吸收學生原因不外為：

（一）國內幫派在經過政府多次掃黑之後，出現世代交替的情況，各幫派多由少壯派當家，為了鞏固幫派地位，不少幫派藉由中輟生返校向原就讀國中校園伸展觸角，以假藉保護等恫嚇、威脅手段，吸收國中生加入幫派，替幫派充人場造勢。

（二）國、高中學生血氣方剛，忠貞度夠，帶在身邊不僅可以壯大聲勢，還可以幫忙打架，反正法律對青少年的處罰較輕，正可用來作為行兇的工具。

（三）刑事警察局調查發現，部分學生在角頭操控的廟宇「打工」，如充任舞龍舞獅手或八家將；

　　　　也有部分在泡沫紅茶店或酒店擔任泊車小弟，
　　　　究其目的在於「認同的需要」和「物質金錢的
　　　　滿足」。

至於如何有效防治幫派滲入校園，具體策略作為如下：

（一）學校利用各種教育機會加強宣導，讓學生對不
　　　　良幫派之違法性與其危害性有所認知，進而形
　　　　成防範排拒幫派的意識。

（二）主動清查犯罪青少年及虞犯青少年有無參與或
　　　　組織不良幫派。

（三）加強青少年集體犯案及暴力案件之分析，以深
　　　　究其與幫派間有無關係。

（四）落實校外聯巡，加強各類娛樂場所及青少年易
　　　　聚集或滋事場所之查察。

（五）警察機關加強蒐證偵處幫派組合是否以傳統廟
　　　　會活動吸收學生加入，或從事不法活動。

（六）學校只要發現學生參與或組織不良幫派時，應
　　　　立即通知警察機關依法辦理自首或解散，並應
　　　　嚴加保密，以維護學生自尊心。

四、師生關係之重塑：

　　從社會學習理論以觀，社會生態紛歧紊亂，不利於青
少年學子的人格與行為發展，這從上述青少年偏差行為五
大態樣，已可窺知梗概。為靜化青少年生活空間，教育機
關與警政機關等公權力的介入與發揮功能，應是最可期待
的捷徑，其中尚應包含教師角色功能的極致展現。教師的
角色功能不僅是知識的傳遞者，兼是品格道德的陶冶者，

受景仰的教師不僅是「經師」，更要是「人師」。而要求
教師角色功能極致展現的前提，便是要有良好的師生互動關
係，否則不論知識的傳遞或品德的陶冶，都將淪為空談。

　　師生互動關係的營造，學者專家提出諸多不同的理論
架構。葛哲爾與謝倫（J.W.Getzels & H.A.Thelen，1972）
的班級社會體系觀，認為影響師生關係之兩項因素，分別
為「制度中的角色期望」，這是從團體規範層面來看，當
然任何社會制度必然受到一般思潮、習俗、文化價值等影
響，其次為「個人的人格特質和需要傾向」，這是從個人
情意層面來看，葛謝二氏認為班級團體氣氛，影響師生個
人意向，進而影響教學目標之能否達成。而班級團體氣氛
之塑造必須從上述兩項因素加以探討，才能獲致事實的真
象。另外藍克爾從互動觀點提出「訊息反饋模式」主張，
認為師生互動中，一個人的行為乃是經由訊息反饋的作用
而影響到另一個人的行為。個體行為受到個人史、參考架
構、環境等影響。以老師教學行為為例，教師的參考架
構，一方面決定其教學行為，一方面由其本人行為與學生
行為而獲得訊息的反饋；同樣學生的參考架構，一方面
決定其學習行為，一方面由其本人行為與教師行為而獲
得訊息的反饋。這種關係說明了師生之間觀念與行為的
相依性。

　　師生關係互動的良窳，多數取決於教師的班級經營。
Emmer（1987）主張班級經營，在於促進師生間的感情交
流、學習環境的妥適安排（包含教室、操場、校外教學場
所等學習場所）、建構與維持良好的班級常規、輔導學生

學習行為、導正學生不良或偏差行為，以鼓勵學生積極參與班級活動，達成所設定的教學目標。

前面所述暨南大學陳麗欣教授研究發現，在教學上、管教方式上，以學生為中心的民主態度及指導關懷的老師，比較能夠避免學生暴力相向。以及人本教育基金會的呼籲，希望師長以民主、開明的態度和學生相處溝通，打罵、動輒訓斥的管教方式，不但易引發師生對立、衝突，老師打得愈凶、罵得愈大聲，學生反彈的情形愈嚴重等，都值得在處理師生關係上作為參考。

五、學生次級文化之瞭解：

在加強師生關係之各種作為之中，有部分學者專家呼籲教師應多多瞭解學生的心聲，多多瞭解學生次級文化，甚至予以接納而非一味的排斥。

時下青少年學子似乎有他們自己的語言，過他們自己的日子，追求他們自己的偶像，之所以如此，實證研究指出，係肇因於部分學生的認知、信念與主流文化的主張有所差異或反向，而將其等思想作為匯成一股思潮，並吸引其他同儕的認同所致。

平實而言，任何次級文化皆存在有正負多元的評價，青少年次級文化亦然，如青少年流行的術語、流行的服飾、崇尚的動作、嗜好的音樂、崇拜的明星等，身為老師者應多加關心、接納，才能真正瞭解他們的心聲。不過時下學生次級文化中有下列五項趨勢，倒頗值得注意：

一、逸樂閒散的價值取向：控制自己、克服慾望、順服外
　　界的程度逐漸降低，而放縱自己、滿足慾望、利用外

界的程度則逐漸提升。

二、膚淺刻薄的語言型式:「瞎掰」、「酷斃了」、「海
　　K一番」,甚至國台英日語拼湊的、輕薄的、鄙俗的
　　口頭禪等,造成語言品質的低落。

三、封閉唯我的圖像思考:由於電玩、電腦、卡通、漫畫
　　等流行,造成青少年流連於聲光刺激和五彩繽紛的圖
　　像世界。

四、短暫閒散的人生態度:「只要我喜歡,有什麼不可
　　以!」之類,尋找自我滿足與短暫快樂。

五、盲從瘋狂的偶像崇拜:在迷失自我中,轉而投射為盲
　　目瘋狂的偶像崇拜(行政院青年輔導委員會,民
　　85)。

第九章 犯罪侵權與預防

　　人與人在社會互動中，部分成為受害者，而相對地有人成為加害者，這是否為人類社會中必然併存的現象？頗引起學者專家的關注而提出許多假設，舉如：個人之淪為受害者與其個人日常行為有高度的關聯性；個人之淪為受害者係存在著有利歹徒施暴的情境因素；個人某些行為是引起他人加害的主因；個人某些適切的行為可有效地抑制犯罪行為的遂行。

　　組織成員如事先無法預防而受犯罪侵權，事後又無有效處理，勢必造成組織及個人的重要危機，尤其受害者是青少年學子時，更將成為社會各界的焦點，因此如何做好犯罪侵權的事先防範工作，成為處理危機策略作為之一大挑戰。

　　本章在第一節中，列舉四項實際犯罪侵權案例，每一個案皆震驚社會各界，然而不幸的是，類似的不幸事件仍接連不斷地發生。在第二節中，分別探討「被害者學理論」、「機會理論」、「日常活動理論」、「時間理論」、「TAP 理論」等各預防犯罪侵權行為之相關理論，以做為建構預防犯罪策略作為之準據。在第三節中，建構「知行策略」、「認知警訊策略」、「降低有利犯罪情境策略」、「強固防護空間策略」、「加速打擊犯罪時間策

略」、「隨機區域監視策略」、「凸顯犯罪訊息策略」、「消弱被害因素策略」、「守望相助策略」、「偽裝欺敵策略」等十大預防策略作為。

第一節　案例舉隅

案例一：

　　據九十三年三月間各大報載：台灣大學在最近一個禮拜內，已經接連發生多起歹徒勒索學生或家長金錢的案件，其中甚至有博士班學生遭詐財，校方已緊急以電子郵件通知全校教授們要注意。「假綁架，真詐財」的犯罪在校園裡越來越嚴重，案情概略為利用學生在上課並且手機關機的時間，打電話給學生家長，謊稱學生已遭綁架，或者某些黑道幫派將不利同學等，利用家長來不及求證的著急心情來勒索金錢，並限定他們要在一、二十分鐘內，匯款十至二十萬元不等的金額至指定帳戶。

案例二：

　　八十三年十月中旬，當時年紀分別為 11 歲與 15 歲的二嫌，於週六下午前往台北市內湖某一國小，巧遇正在洗車的吳姓女老師，一時心生歹念趨前擁抱調戲，女老師激烈反抗，二嫌憤而將老師擊打勒昏，並涉嫌將老師性侵害後以消防砂加水覆蓋口鼻，導致老師窒息死亡。事經八年，於九十一年八月間，刑事警察局長

期過濾國內性侵害案件嫌犯，發現去年涉及一起外籍女子遭性侵害案的黃姓嫌犯（23 歲），與案發地內湖某國小老師被性侵害有地緣關係，警方經採集黃嫌的指紋、唾液比對證實涉案，並追出王姓共犯（19 歲），警方逮捕嫌犯後，據供稱因看完 A 片衝動才犯案。

案例三：

　　九十三年五月間，特地返國推展盲人門球的官聲彥及其母親，與廿年前採訪官聲彥意外事件，現已退休的資深記者吳鈴嬌見面，三人緊緊擁抱，憶及七十二年間，一名精神病患闖進台北市螢橋國小教室潑硫酸，造成官聲彥顏面等嚴重傷害，淚流滿面，令人動容。當時校園安全問題，一夕間令身為父母者寢食難安，更成為社會大眾議論的焦點。

案例四：

　　八十六年三月初，清華大學輻射生物所研究生洪曉惠，因一場解不開的愛情三角習題，與同學許嘉真相約在輻射生物所二樓演講廳談判，繼而發生爭吵並大打出手，洪女以雙手抓住被害人頭部往地上猛撞，致許嘉真重傷致死，洪嫌並以「王水」淋澆在被害人身上。

心得分享：

　　綜覽上述案例，令人感觸良深，原本平靜安寧的校園，亦有令人心碎的一隅。偶一不慎，伴隨而來的犯罪案件，常令天真無邪的青年學子們飽受威脅。然

　　而這些危機並非不可事先防患，我們呼籲學校當局必須妥善規劃校園安全事宜，並教導青年學子們相關防患犯罪的基本常識，以防患於未然。

第二節　預防相關理論

　　犯罪案件形成的時空因素為何？是否有促成犯罪案件成立的特殊情境？又加害者與被害者的關聯性為何？學者專家從實際案例分析歸納，提出「被害者學理論」、「機會理論」、「日常活動理論」、「時間理論」、「TAP 理論」等立論，用以闡述上述諸多問題，也正足以做為建構預防犯罪策略作為之準據。

一、被害者學理論：

　　不幸事件的發生，除可歸因於加害者外，亦可部份歸因於被害者本身的疏忽、不過檢點，甚或挑惹的動作——這是被害者學（victimology）論點的基本假設，嗣經實証性的研究，支持了上述的論點（Gottfredson，1981）。

　　Sparks（1981）研究發現被害者因個人對於加害者所散發出的挑惹動作或吸引動作等被害因素，在不幸事件中，扮演了舉足輕重的促發作用。如因被害人衣著過於暴露或行為過於挑逗，而引起之妨害風化案件；或如因住宅華麗、財物露白，引發偷竊或搶盜案件；又如因口出惡言，致引發兇殺案件等是。

　　Sengstock（1982）從「被害者學」觀點，將相關之犯罪行為區分為下列三項：其一為「相互衝突模式」，雙方

因衝突而相互傷害，且彼此兼具加害者與被害者的角色；其二為「被害者誘發犯罪模式」，為被害者因其行為誘發了加害者的加害行為；其三為「偶發性被害者模式」，被害者因擁有某些物品或行為，在生活互動過程中，適巧引發加害者的犯罪行為。

綜上所述，被害者學的論點可提供建構拒絕被害策略，亦即如能減少當事人引發刑事案件之誘發行為等項，將能有效保護當事人自身之安全。

二、機會理論：

任何一項犯罪案件的成立，必然同時存在著下列三項要素：為「犯罪主體」、「犯罪客體」、「有利於犯罪之情境」。所謂「犯罪主體」，指具有犯罪能力及犯罪動機之個人或群體。「犯罪客體」，指淪為犯罪之標的物，如年幼的學童易淪為欺騙的對象；露白的財物易引起覬覦。而所謂「有利於犯罪之情境」，指任何一項人、時、事、地、物等組合，而有利於犯罪行為的遂行。如門戶設備不夠牢固，有利於宵小的侵入；警力單薄，致飆車族肆無忌憚，恣意砍人縱火。由此可知犯罪之是否成立？或歹徒是否敢冒大不諱從事犯罪行為？部分取決於「犯罪成功機會」的高低，亦即情境因素有利於犯罪行為的遂行，則會提高歹徒作案的動機；否則，如情境因素不利於犯罪行為的遂行，則會抑制歹徒作案的動機。

Jeffery（1971）所提犯罪行為整合模式，指出：犯罪行為＝（犯罪所得－犯罪風險）×自我控制×有利犯罪之情境。Abrahamsen（1967）亦提出類似之理論模式為：犯

罪行為＝（犯罪傾向＋情境因素）／犯罪抗制能力。上述兩項理論模式中都將「情境因素」作為決定犯罪行為是否成立之重要變項。

另據日常活動理論（routine activity theory）及生活方式暴露理論（lifestyle exposure model of personal victimization）等主張，認為個體是否受害？及其受害之程度等問題，與個體日常生活起居方式有密切的相關性（Cohen & Felson,1979；Hihdelang、Gottfredson and Garofalo, 1978）。易言之：個體的生活方式可能提供了讓歹徒有親近個體的機會；也可能疏於保護個體所擁有的金錢財物等為歹徒覬覦之標的物；也可能將自身置於無人保護之處境下。

三、時間理論：

在犯罪案件之遂行及有關犯罪案件的預防作為上，除了上述的「機會理論」外，「時間理論」也提供了另外一角度的思考空間。

當犯罪行為即將發生或正進行中，若被害人不能即時察覺、予以防範、反擊或請求支授，則歹徒易於得逞，並於作案後逍遙法外。

Mandebaum（1973）曾提出「警察抵達犯罪現場時間（time of arrival of police──TAP）的長短，與嚇阻犯罪效力之大小成反比例」之立論，亦即 TAP 越長則嚇阻犯罪的效力越小，反之 TAP 越短則嚇阻犯罪的效力越大。而「警察抵達犯罪現場時間」的長短，事實上又取決於「侵入時間」、「察覺時間」與「通報時間」等三大因素。

　　Newman（1971）所倡「防護空間理論」，認為如能強化民眾生活空間硬體設施，或加強生活空間之監控，則能延緩歹徒完成作案的時間，或降低歹徒作案成功的機率，上述之論點為「時間理論」中的「侵入時間」提供極佳的註解。

第三節　預防策略作為

　　參酌上述各項理論內涵及犯罪案件實際案例的剖析，深信良好的預防策略，必能有效地預防犯罪案件的發生，用以拒絕被害，茲特別建構「知行策略」、「認知警訊策略」、「降低有利犯罪情境策略」、「強固防護空間策略」、「加速打擊犯罪時間策略」、「隨機區域監視策略」、「凸顯犯罪訊息策略」、「消弱被害因素策略」、「守望相助策略」、「偽裝欺敵策略」等十大預防策略作為。

一、知行策略

　　（一）策略要義：要求當事人先在「認知」上將「拒絕被害」當做生活中一等大事，之後並能隨時付諸「行動」。

　　（二）策略作為：首先在認知上要建立「歹徒可能潛匿在你我四週之間」、「熟識之人也可能在一夕之間成為加害你的兇手」、「稍不留意，週遭的人、事、時、地、物，都有可能形成有利犯罪的因素」……等等危機意識；要建立「任何犯罪案件皆可以事先預防其發生」、「個人

是預防犯罪之最佳幫手」、「預防犯罪優於案
發後之偵破」……等等之拒絕被害可能性之正
確觀念。

其次藉由學習訓練充份瞭解各種生活安全
策略，以期不僅止於知，還能付諸於行。

二、認知警訊策略

（一）策略要義：要求當事人適時察覺犯罪行為前所
散發出的警訊，俾利防患犯罪行為於未然。

（二）策略作為：犯罪行為的警訊特徵，是指對方的
行為呈現出有違「常情」、「常理」、「常態」
等狀況。如「有不明人士在住家附近徘徊——
宵小偷竊之警訊」、「向年老者告知可共同欺
騙一腦筋有問題者—— 金光黨詐騙之警訊」、
「家中鑰匙弄丟後未即時更換全副門鎖—— 讓宵
小有機可乘之警訊」。

認知警訊策略之作為，即是要求民眾能隨
時隨地留意各類犯罪行為的警訊，以能適時地
防患或躲避。

三、降低有利犯罪情境策略

（一）策略要義：要求當事人能隨時考慮如何來降低
有利犯罪情境，以有效減少歹徒犯罪之機率，
甚或避免犯罪事件的發生。所謂有利犯罪情
境，係指被害人本身及其週遭的人、事、時、
地、物等時空因素所組合而成。

（二）策略作為：為求降低有利於犯罪行為發生的情

境，必須針對下列人、事、時、地、物等各項因素予以留意，避免造成有利犯罪的機會，如：

1、被害人本身因素：由於個人自身學識經驗不足，好奇心、貪婪心作祟，對週遭事物的輕忽，自身生理狀態較為脆弱等，都容易引起犯罪的發生。

2、事的因素：「鄰里關係疏遠」、「當事人未提高警覺」等，都有利於犯罪的形成。

3、時的因素：「夜深無人之際」、「舉家外出時候」都成為歹徒作案良機。

4、地的因素：蛛網狀地下道、荒僻的巷道、空屋、地下停車場等處所，有利於歹徒作案。

5、物的因素：夜不閉戶，疏於看管之物品，容易引起宵小的竊取；而缺乏識別標記的現金、珠寶常是歹徒的最愛；容易脫手的財物，容易形成偷竊的對象。

四、強固防護空間策略

（一）策略要義：我們必須設法加強生活空間的安全，生活空間愈強固完善，則愈能保障個體的安全，使自己生活得安心、順心。

（二）策略作為：

1、在生活空間隱密性與安全性兩者間取得平衡，千萬不要僅要求「高度隱密性」而輕忽了「安全性」。

2、增加監視器材的設置，加強對於不法行為的
監視。

3、屬於自己的空間，應力求門窗的安全，不要
讓陌生人員隨意侵入。

4、儘量不要逗留在「匿名空間」－－　公園、
餐廳、歡樂場所等異質行為可同時並存之牛
驥同皀場合。

5、拒絕進入治安死角。

五、加速打擊犯罪時間策略

（一）策略要義：在於讓有能力打擊犯罪行為者──除
警察人員外，還包括保全人員、警衛人員、大
廈管理人員，以及週遭得以支援之有關人士，能
儘速得知犯罪「即將發生」或「正進行中」，以
便能有效預防犯罪的發生、制止犯罪的進行。

（二）策略作為：在加速打擊犯罪時間策略作為上，
必須三管齊下，首先是儘量延緩歹徒「侵入時
間」。其次是加速「察覺犯罪時間」。最後加速
「通報時間」，如身邊隨時留有緊急求救的電話
號碼；養成受侵犯即馬上報案、求援的反射動
作；向警方報案時須扼要說明有關的事、地。

六、隨機區域監視策略

（一）策略要義：配置適當的人力或科技，施以有效
的監視，以嚇阻生活環境中蠢蠢欲動之歹徒。

（二）策略作為：為做好隨機區域監視，可利用紅外
線感應器、超音波防盜系統、監視攝影機等新

科技，或以守望相助組織群策群力，按照下列三項要領落實執行。

1、作法要隨機：對任何區域的監視要採不定時隨機方式，因為一旦採定時方式，歹徒很容易摸清門路而避開。

2、時間要密集：區域之監視，必須講究密集，如一曝十寒，必會讓歹徒有可乘之機。

3、地點要隨處：任何地點都可能成為歹徒藏身處所，因此，整個環境系統中應點滴不落地執行監視搜索，尤其不可讓部分區域因照明不足或陳設雜亂，加上疏於監視搜索而形成治安死角。

七、凸顯犯罪訊息策略

（一）策略要義：乃在利用各種辦法，以使歹徒在做案的任何一個階段，易於暴露而為人所察覺，進而達到遏阻歹徒作案之目的。

（二）策略作為：犯罪行為外顯訊息計包括了：預備犯罪行為（如為殺人而購刀）之訊息、侵入被害人所屬區域（爬牆越窗之動作）之訊息、著手實施犯罪行為（殺人）之訊息、持有贓物之訊息。為凸顯歹徒犯罪訊息，可落實下列相關措施：

1、出入口檢查：可加速讓欲矇混之歹徒現形。

2、場所監視：如加裝探照燈，歹徒在爬牆越窗之際，容易被發現；加裝紅外線感應系統，

當紅外線光束在歹徒侵入時因被切斷而適時發放警報。

3、適時告警：婦女隨身攜帶哨子，遇到歹徒尾隨時，猛吹哨子，讓歹徒現身而無法遁形。

4、標的物強化：在標的物強化（現金放在保險箱內）後，歹徒不容易在短時間內完成犯罪行為，因此相對地，可凸顯歹徒正在作案的訊息。

5、財物的標記：在財物標記（現鈔噴上螢光劑）後，當歹徒持有時，較容易被發現或循線追蹤。

八、消弱被害因素策略

（一）策略要義：被害人若能不因「口出惡語」、「財物露白」等積極之作為而激發、挑惹加害者作案的動機；或因「輕忽」、「姑息」等消極不作為，而增強了加害者犯罪的動機的話，將能有效避免部分不幸事件的發生。

（二）策略作為：為求消弱被害者因素，一方面避免「衣著暴露」、「口出惡語」、「財物露白」、「炫耀財富」等不適當的積極性作為以減少激發、挑惹加害者作案的動機。另一方面改正不適當的消極性作為——如怯於報案，以避免助長歹徒作案之氣燄。

九、守望相助策略

（一）策略要義：個人雖然是保護自身安全的最佳幫

手，但是僅靠自己的力量，有時力有未逮。假如能結合四週鄰居共同來打擊魔鬼，則其成效必大有可觀。

（二）策略作為：基本作法為由社區企業或熱心人士負責籌組守望相助組織，要求住戶與住戶間設置相通的警鈴，發生狀況時，可立即觸發求救，以建立「家戶連防」系統，或共同出錢，僱用保全人員擔任巡守工作。

　　台北市即以守望相助策略，建構安全防護網來加強校園安全，其具體作為包括：整頓校園與學區安全死角、繪製安全地圖、設置學區安全通報系統、設置愛心站及導護商店。

　　若未設立守望相助組織之住戶，假如鄰居能相互認識並交換電話號碼，以備不時之須請求支援；至於看到鄰居住家有異常的舉動或聲響，應主動關懷瞭解，被關懷者亦應給予善意的回應，以免冷卻了相互支援的熱心。倘若能切實做到此等要求，縱無形式的守望相助組織，也能達到其實質功能。

十、偽裝欺敵策略

（一）策略要義：在日常生活裡，難保能時時刻刻看護著自己的財物；或縱有人在，但人單力薄，此時也必須假裝人多勢眾，用以打消歹徒作案的意念。

（二）策略作為：利用所處的地形地物，喬裝成不易受傷害的狀態，以遏阻歹徒作案的動機，可用

來「偽裝欺敵」的作法很多，茲舉例如下：

1、應門時發現係陌生人來訪時，假裝反身與家人應答，使其知難而退。

2、外出時將部分房間電燈或收音機打開，偽裝有人在家。

3、接聽可疑電話，假裝向家人請教意見。

4、女性遇到危機，假裝身染性病，或正值生理期，以求脫困。

5、單獨開車行走偏僻路段時，搖上車窗，假裝多人乘坐。

第十章　危機處理的巧門與迷思

主其事者每遇到重大問題、危機或政策遭受杯葛時，每每召開大型會議或設置某個單位來研究處理，問題與危機是否真能化解，並不重要，至少可解燃眉之急。如此作為是否為危機處理的巧門，或隱含著危機處理上某些吊詭、或迷思的遐想，該解決危機的作為或許只是一障眼法，使人如墜五里霧中；或是犧牲部分人的權益來成全自己的功績，也有可能是拖延策略，以時間矇騙眾人注目的焦點。而究係巧門或迷思？不同角度的觀察而有不同的解讀。

台北市仁愛醫院九十四年初爆發受虐女童不當轉診案，引發全民公憤，市政極為繁忙的市長馬英九於案發十日內，五度從台北千里迢迢遠赴台中童綜合醫院探視命在旦夕的邱小妹，究其用意在於真心關懷？或在彌補台北市府團隊棄診的過錯？或在危機處理避免事態擴大？係巧門？或迷思？頗值深思！

一、團體決策的巧門與迷思：

團體決策講究多元參與，可以周諮博採、廣納建言，如此決策資訊較完整、思慮較周詳，政策的認同度隨之提高，施行較不受阻力。但常見美其名為團體決策，事實上徒具形式而已，亦即決策的主導權掌握在少數人手裡，其他成員徒具背書性質而已，不過仍不失為迴避一人獨斷之

譏的護身符。

除上所述假團體決策之名，行個人獨斷之實者外，實質的團體決策，仍易產生下列各項迷思。其一，當決策的論證有所瑕疵，團體成員會予以合理化；其二為組織氣候規範成員順從多數人意見，致經常犧牲一些有建設性的創見；其三為成員為避免因提出意見而感受壓力，致保持緘默，卻被視為投「同意票」〈黃麗莉、李茂興譯，民80〉。

二、羔羊代罪的巧門與迷思：

九十二年五月間 SARS 疫情吃緊，民心沸騰，前衛生署長涂醒哲因而去職，繼之和平醫院院長吳康文，台北市政府衛生局長邱淑媞也相繼去職，之後全國疫情看似較為穩定，但好景不常，六月六日台北市陽明醫院再度爆發院內群聚感染，院長王泰隆也因而去職。當然他們在其位果因處置失當而去職，罪有應得，不過在疫情狂燒二個月來，中央政府、台北市政府未能有效提出管理因應對策，而是那個醫院中煞那個院長下台負責，絕非危機處理應有之作為。於六月中旬前和平醫院院長吳康文及感染科主任林榮第被起訴，求處八年重刑，醫界人士認為，SARS 對台灣造成前所未有的巨大衝擊，如果不思考醫療體系的結構性問題，而只找一兩個人論罪，是把問題過分簡化，無法防止悲劇重演。從另一角度來思考危機處理的真諦，如果吳康文「廢弛職務」，那麼一開始衛生署、境管局、疾管局的官員們什麼也沒做，後來政策又亂成一團，是不是也是「廢弛職務」？

九十二年四、五月間連續兩位職業司機，因交通罰單

太多抗議無門，索性以死諫方式，一者撞進交通部，一者
撞進基隆市交通警察隊，這兩則事件果然喚醒社會的注
意。但握有權柄之袞袞諸公不思整體交通管理政策有無不
當，卻以責難警察執法過當來化解交通管理失當之危機。
交通管理素有所謂的三 E，即交通工程（engineer）、交通
教育（education）、交通執法（enforcement），三者缺一
不可。社會各界在同情運將際遇的同時，更應思考道路設
計、管理與使用，而非將焦點放在罰單問題上，否則不僅
將使問題失焦，也可能使初見成效的道路秩序改善破功，
而使社會面臨重大的人命與金錢損失。

　　陳元暉於聯合報九十二年六月十日民意論壇的一段
話，道盡了問題的核心，他說：「民眾超速測照，政府道
歉？真是天地顛倒。看新加坡、日本，再想想我們，只羨
慕人家守法，有好環境，殊不知人民需要教育，台灣的願
景應該是團結、守序、重法；台灣要強，一定要從人民教
育作起。我認為測速地點不宜公布，政府不必道歉，如果
隨便慣了，那多數人便沒保障。政府只會討好選民，一點
執行力都沒有，那國家何用？」。

　　以上所述具見有司當局在面對危機，常可找到少數人
或少數理由作為犧牲品或行政失當的搪塞理由，以求輕易
化解危機，但危機事件的本質並未因而獲得解決，甚至問
題有愈演愈烈的趨勢。茲就國中常態編班而言，任何課程
老師勢難兼顧班上所有學生的學習進度，教育主管當局，
甚至更高主其事者，卻將此一燙手山芋丟給基層任課的教
師，不也就是另一則羔羊代罪的巧門與迷失案例嗎？再以

九十四年初台北市對踢人球不當案為例，馬英九市長一開始，信誓旦旦地指出，衛生局張局長已盡力了。事件演變到了第三天，市府決定免去張珩局長職務，專任台北市立聯合醫院總院長一職。而馬市長強調，張局長的去職並非懲處，此一說詞讓民眾真正見識到「官話」的可怕，更不用說身為「頭家」的如何去監督「公僕」。再進一層的省思，換個人當衛生局長容易，又可適時化解市府施政不力的危機，但民眾企盼的應是市府能否建構一更為理想的醫療制度，而這才是民眾醫療危機的真正解決之道。

三、華而不實的巧門與迷思：

為改善社會治安，內政部策劃執行「提升國家治安維護力專案評比—各縣市治安藍綠紫黃紅燈」、「犯罪零成長專案」；為拼經濟，行政院高倡「8100 台灣起動」與「六年國發計畫」等專案；為了搶救失業，在原本冗員充斥的機關再找一批人來幫忙，或要這批復業人員從事割墓草工作；為了 SARS 疫情紓困，給予計程車司機補助汽油費新台幣一萬元；以及為了改善國內教育環境、落實推展適性教育、發展統整課程、倡導人文關懷，以培養學童「瞭解自我與發展潛能」、「溝通表達與分享」、「尊重、關懷與團隊合作」、「主動探索與研究」、「獨立思考與解決問題」、「運用科技與資訊」、「規劃、組織與執行」、「欣賞、美感、表達與創新」、「文化學習與國際理解」、「生涯規劃與終身學習」等十項基本能力之能力，作為教改的基調。然而，上述各項政策或是一系列名詞的新創，或係口號喊得漫天價響。是否能真正有效解決

社會治安危機、經濟危機、疫情危機、教育危機等，則頗受質疑。

　　台北市 SARS 疫情風暴和平醫院封院之際，市府高層高喊「犧牲小我、完成大我」，「防疫視同作戰」，大有格殺勿論之架勢，但對於病患被擋於醫院門外，求助無門，似乎束手無策。另就封院內部隔離及醫療有無完善，一直難取信於大眾，即封院後有無內部交互感染現象，似也難以釋群眾疑惑。封院之際一些大動作，似在安定人心，但有無操之躁進，是否無端犧牲或污衊他人？和平醫院合約醫師李易倉召開記者會要求市長公開道歉，自由時報王寓中的城市札記「還他一個公道」一文，頗值得作為省思，權柄當局絕不可輕率以犧牲一二人，做為表面上看來已解決問題之華而不實的假象，否則還來不及保護眾人權益，而實質上已將社會公平正義蹧躂無遺。該文全文為：

　　和平醫院合約醫師李易倉日前召開記者會，對市府在封院時的作法提出控訴，希望市長馬英九能公開道歉，還他清白與名譽。李易倉在封院時應不應該回和平醫院隔離，醫懲會在處理全案調查時發現，和平封院時合約醫師並未被要求召回，基於公平性原則，最後決議不予議處。醫懲會的調查某種程度還原了真相，也還給了李易倉一個是非對錯公理，既然如此，李易倉為什麼還要出來要求馬英九道歉？因為市府、媒體、社會仍欠李易倉一個公道。

　　和平封院，媒體在不查情形下就跑到診所拍攝李易倉看診畫面，「落跑醫師」的標籤就這樣被貼上，其他媒體則是群起跟進用輿論撻伐，事後發現不是這回事，到診所

的記者承認是因為長官的指示，揭發媒體卻　有任何更正的彌補措施。媒體當然欠李易倉一個公道。

　　媒體報導後，市府官方不做任何調查，就向媒體放話下令拘提，派警車接人，等到封院結束，再把人送醫懲會懲戒，醫懲會調查出爐，從馬英九到衛生局沒有人一句道歉或承認錯誤的話，記者會上甚至連案情提都不提，市府欠李易倉的，何止一個公道而已。

　　正確地講，李易倉本不該為和平 SARS 事件的受害者，但因為媒體和市府不顧事實，不但成了受害者，還被當成不守法者，當其他受害者喊冤時，他不能喊，當醫懲會調查還原真相後，外界還是用異樣的眼光看他，報紙還是用「落跑醫師」稱呼他，社會的集體偏見與無知，讓人感嘆：公道在那裡？

四、舉棋不定的巧門與迷思：

　　教育部針對九十二年大學指定科考與國中基測的決策變變變，先說取消人工閱卷題型，後來又說英文國文要恢復考作文非選擇題；先說超過攝氏 38 度的考生不得進場，後來又說經診斷無感染 SARS 疑慮的考生可以進場；先說考生必須要提前一小時進場，後來又說提前三十分鐘進場即可。教育主管當局頂不住外界的壓力致決策反反覆覆，甚至被批評先前的決策是急就章。凡此舉棋不定之危機處理模式不易為民眾遵行，更有損政府威信，不足為訓。

　　2004 年總統大選與公投選務因政治力的介入，致中選會的選務規劃運作出現空前的混亂。三二〇的投、開、計票該如何處理為當，有無可能出現不可掌握的狀況，一直

為社會各界所關注，而究其主因在於中選會因政治力的介入失去了專業的堅持，以致於對任何議題都是舉棋不定一改再改。有識者認為泥鰍型的滑溜作風，將注定進退失據，難以解決問題。

五、模糊焦點的巧門與迷思：

　　主政當局在面對危機苦無能力應付時，常以付諸研究或以其他理由做為搪塞的藉口，藉以模糊危機處理的焦點。如 SARS 疫情燃燒，即以台灣非 WHO 成員，得不到 WHO 專家的協助，以致此次 SARS 疫情中台灣受到很大傷害。並因中國大陸強力阻擾入會，乃力主以公投方式來加以反制。

　　再以解決交通處罰引起的各界爭議來看，九十二年六月十日聯合報黑白集曾以「若以選票論」為題撰文，頗可作為參考。茲節錄該文部分如下：「台灣交通違規的質與量是全球第幾？如果違規之多是名列前茅，罰單為什麼不可以也名列前茅？可是我們有一個沒原則、沒擔當的政府，一有人抗議，立即就想到選票，也就立即讓步、妥協了。退一萬步說，即使要放寬處分，也要合情合理才行。譬如現在於紅燈處左、右轉，各罰一千八到五千四，以後右轉減半，僅罰九百到二千七。請問：闖紅燈右轉若撞到行人，他能不能『半傷』或『半死』呢？台灣歷年車禍之多，傷亡之重，都有數據可按。僅這兩天，花蓮和南縣兩起車禍，就死了十人，真是慘痛。政府要保障的，是守法的駕駛人和無辜的民眾。要談選票，這些人數量更多，不是嗎？」換言之，政府該面對的是如何做好交通管理，以

確保行車順暢，保護民眾安全，絕不可轉移焦點，投部分民眾之所好，僅從處罰輕重著手。

　　台北市議員在為民服務上也不遑多讓，就員警濫開罰單提出強烈質詢，迫使台北市政府警察局於九十二年六月十八日發布新聞稿指出，申訴成立案件中約有四八‧八％係因執行公務、失竊車、交通管制設施不當、違規屬實惟具爭議從寬認定撤銷免罰者，並無錯誤率偏高之情形。其中所謂「違規屬實惟具爭議從寬認定撤銷免罰者」即頗令人尋味，自由時報林曉雲於十九日即以「議員得了便宜還賣乖？」為題，說明台北市的新聞稿暗指，該等撤銷免罰罰單即為議員提出的選民服務案件。果如此，警察枉顧法令不可輕貸，但有心人士翻手覆雲，相信也絕無解決事情之誠意。

六、趁火打劫的巧門與迷思：

　　當社會有重大變故，常有不肖商人囤積居奇大發國難財，致為國人所不齒。此外，也難保處理危機之相關單位及人員不會趁火打劫。如利用危機處理期間，因工作繁複、時間緊迫，相關權限規範較具彈性，經費編列核銷較為寬鬆，致變相挪用者有之，不當花用者有之。

　　SARS 風暴期，行政當局認為民氣可用，但終究功虧一簣，游錫堃九十二年六月十二日針對行政院所送一百零六項優先審議法案，立法院上會期僅通過十七案，以「委曲已無法求全」為由說出重話，認為行政、立法是車之兩輪，「一輪行、一輪停」則國家社會不會運轉，只會空轉。游揆一席話究係在解決危機？或是製造危機？或是趁

火打劫不成惱羞成怒？值得後續觀察。不過在野黨也非省油的燈，直指政府若有心拼經濟，應拿出執行力認真執行立法院已通過的預算。

七、粉飾太平的巧門與迷思：

　　目前各級政府對中輟生問題似乎視而不見，被學校放棄的青少年在街頭閒逛，被幫派、職場吸收成為大哥的小弟、老闆的廉價勞工，問題一籮筐，今日政府吝於關懷，明日將付出更多的成本來收拾他們對社會造成的危機。

　　公寓大廈王姓屋主被自養的寵物（埃及眼鏡蛇）所咬傷，隔鄰住戶紛紛跳腳，訴說當事人所飼養的寵物無奇不有，造成環境髒亂，產生惡臭，曾求助政府部門卻未加理會。據報導珊瑚蛇、荷蘭豬、蜥蜴等各式各樣的保育類動物都成為家裡的寵物，其造成環境髒亂不說，可能帶來不知的傳染疾病卻不可不防，但在未鬧出人命之前，未見各級政府未雨綢繆。

　　再以維安專案犯罪零成長計畫而言，政府信誓旦旦投入可觀警力締造佳績，但民眾與輿論卻以基層員警投長官所好猛吃案造成的假象，另因少年犯罪數減少而自以為防處得力，但未深究是否整體少年族群人數逐年負成長所致，或是少年犯罪定義今昔不同所致。凡此未真正探討政策與成效的關聯性，僅在表面數字上做文章，即難脫粉飾太平之嫌。台北市政府為要求所屬加強取締色情行業，曾大力疾呼要避免文字的魔障，因為有時「護膚」二字已成為色情的代號（台北市政府九十年六月二十九日治安會報）。但因色情小廣告滿天飛，酒廊、色情聊天室、理容

院到處林立，為避免民眾、媒體或民代苛責縱容色情氾濫，又將「色情」二字的界定說成不同於一般的認知，如此不曉得能否符合民眾對市政作為的期望？

八、問題搬家的巧門與迷思：

在處理問題學生時，常見的是要求學生由甲校轉學到乙校，此種作法無異是問題搬家的典型模式。以為問題學生轉學後，問題即能迎刃而解，而不充分瞭解學生的真正問題到底為何？學生的問題究係個人行為偏差？或學習成就低落而造成學習意願不高？或學生人際關係不佳而造成師生或同儕關係不良？或有其他家庭因素？不同的問題原因應有不同的解決策略，而不是把燙手山芋一丟即算了事。美國因應不同問題的中輟學生規劃不同的學習策略，包括獨立式替代學校（separate alternative school），以創新的教學策略，以提高學生學習興趣和社會適應；校中校（school within school），在較大型學校中設立特定的班級，為收容問題學生以接受異於正統教育內容的替代教育方案；延續學校（continuation school），在正規學校上課時間之外，彈性實施授課時間，以提供已離開正規學校體系學生接受教育的機會；替代教室（alternative classroom），於校內設置資源教室，實施彈性教學策略、課程結構和學習方式（張有翔，民90）。

九、越俎代庖的巧門與迷思：

原本的構想在於迅速有效的危機處理，於處理危機作業上所作的發言、處置，超越了自身的權責、專業、能力時，除不能解決問題外，常適得其反衍生新的危機。必須

具備專業能力，才能規劃適切的處理方案，也才能獲得民眾的信賴。而在行政體系講究權責分明，超權處理或失權塞責都不能有效處理問題。

　　內政部九十四年四月間宣示全力拼治安，中國時報民意調查結果顯示，只有約三成民眾對政府的作為有信心，而對詐財案件，約有七成民眾對政府束手無策感到不滿，面臨嚴峻的治安挑戰及民意的責難，內政部背負的壓力之大可想而知。在情急之下，內政部四月十三日宣布銀行自動櫃員機（ATM）非約定帳戶，其轉帳金額由每日最高十萬元調降到一萬元，並在一週後即刻試辦。此一政策宣示，引起輿論譁然，行政院為平息爭議，緊急因應改採該項轉帳上限提高為三萬元，但公用事業費及稅款額度，不在此限，且實施日期延至六月一日。

　　內政部先前作為之可議，在於其超越本身的專業權責，如此廣泛影響民生之金融政策，理應由財政機關負責籌劃，內政部不可越俎代庖，此其一。其二，該項政策由內政部政務次長擅自對外宣示，亦嫌超越行政體制之權限。

十、黨同伐異（揚名抑實）的巧門與迷思：

　　危機事件的本質常涉及不同的範圍及層面，究竟該由誰負責？也常有爭議，因此常見在危機處理上，有藉機誅殺異己的情事發生，究其用意或係危機處理的巧思，既可轉移被攻擊的焦點，兼可排除異己，但究危機事件本身而言，可能並未解決，甚且埋下更大的禍根。

　　史蹟斑斑，如東漢紛亂，始於桓靈二帝禁錮善類，尤以宦官擅權，每以他事誣陷忠良。魏晉自高平陵事變，對

組織病態與危機處理

知識分子存有戒心，兼採籠絡和恫嚇，稍有得咎，每以朋黨稱之，人人自危。唐代末年，牛李兩黨相互傾軋，前後將近四十年，至昭宣帝天祐二年誅殺朝中名士三十餘人，全數投入黃河，使該等自稱「清流」者頓成「濁流」。宋仁宗慶曆年間，杜衍、富弼等人遭誣陷為朋黨，歐陽修上「朋黨論」疏力諫，幸得仁宗採納而免禍。

輓近立法委員高明見出席 WHO 研討會，及奇美負責人許文龍發表退休感言，稱「台灣、大陸同屬一個中國」，且「有了反分裂國家法，我們心裡踏實了許多」。這二起事件、二位當事人，引起國內不同陣營政治人物不同程度的批判責難或體諒與袒護，在在說明對於問題的處理，或有黨同伐異的考量。

十一、飲鴆止渴、以謊圓謊的巧門與迷思：

在危機處理案例中，不乏為了平息爭端、眾怒，或想自危機漩渦中抽身，對於危機事件中諸多細節，做出不實的說辭，因此徼倖得逞者有之。不過，想以謊圓謊，却如飲鴆止渴般，一發不可收拾者，亦不乏其數。台北市九十四年初爆發「醫院踢人球」案，案發初期，台北市立聯合醫院召開考績委員會決議，仁愛醫院當天值班的腦神經外科醫師林致男被記一小過處分。隨即引發林醫師的不滿，對外發言指出，當天已透過影像傳輸系統會診邱小妹，民眾雞蛋裡挑骨頭說我沒下去看病人，我去看她，就會改變她沒有床的命運嗎？然而不到幾天的功夫，由台北市副市長葉金川領軍的事件調查小組查出，林醫師當天晚上不但沒有探視邱小妹，連電腦斷層的 X 光片都沒有看，當時他

228

人並沒有在加護病房值班，卻在事後補登載不實病歷，假造他看過 X 光片。當林醫師一聽到調查小組查出的事實，還不支昏倒。

十二、兩手策略的巧門與迷思：

　　台北市仁愛醫院拒診邱姓小妹致死，民怨沸騰之際，衛生局長張衍因而下台負責，嗣後轉任台北市聯合醫院院長，部分市議員強烈不滿，認為聯合醫院院長職權更重，福利待遇更佳，有明降暗升之嫌。類此案例，台北市政府辦理拔河斷臂案，時任新聞處長羅文嘉因而下台謝罪，但往後仕途步步高昇；行政院在處理八掌溪危機乙案，時任行政院副院長游錫堃負起政治責任下台安撫國人，嗣後一路被拔擢擔任行政院長要職。可見主其事者率先讓步，釋出善意，可獲得民眾的諒解和信賴。至於拒診的醫療體制和白色巨塔次文化是否改善？或公共安全政策與緊急救護網絡，是否妥善規劃，民眾早已拋諸九宵雲外，不再是該等危機事件的核心議題。而負責下台的政府官員得以明降暗昇，或嗣後予以彌補，正得以收攬工作團隊的人心士氣，勇於為主子賣力。

參考書目

行政院青年輔導委員會（民 85）。青少年白皮書。

朱延智（民 89）。危機處理的理論與實務。台北：幼獅文化事業股份有限公司。

余伯泉、黃光國（民 81）。形式主義與人情關係對台灣地區國營企業發展的影響。載於銓敘部主編，行政管理論文選輯第六輯。

吳復新（民 82）。管理人才的評鑑與考選（上）。人事月刊第十七卷，第三期。

吳宜蓁、徐詠絮譯（民 90）。危機管理診斷手冊。台北：五南圖書出版公司。

何穎怡譯（民 91，J.B. McCormick & S.F. Hoch 著）。第四級病毒。台北：商周出版社。

林生傳（民 79）。教育社會學。高雄：復文圖書出版社。

林清江（民 75）。教育社會學新論。台北：五南圖書出版公司。

林憲（民 82）。臨床醫學。台北：國立編譯館。

邱　毅（民 89）。現代危機管理。台北：偉碩文化。

柯三吉（民 81）。政策評估在公共政行政上的應用。載於銓敘部編，行政管理論文選輯第六輯。

洪雲霖（民 84）。意識形態與政府體系人力之運用。人事月刊第二十一卷，第六期。

施雅薇（民 93）。國中生生活壓力、負向情緒調適、社會支持與憂鬱情緒之關聯。國立成功大學教育研究所碩士論文。

馬信行（民 75）。教育社會學。台北：桂冠圖書公司。

馬傳鎮等（民 85）。我國台灣地區女性少年犯罪相關因素及其防制

組織病態與危機處理

對策之研究。台北：行政院青年輔導委員會。

馬瑞龍譯（民 79）。美國警察行政學。桃園：中央警官學校。

秦夢群（民 80）。教育行政理論與應用。台北：五南圖書出版公司。

高孔廉（民 80）。政策與計畫評估。載於行政院研究考核發展委員會編，政策分析與行政計畫研討會論文集。

陳秉璋（民 80）。社會學理論。台北：三民書局。

許春金（民 76）。犯罪學。台北：中央警官學校。

許龍君（民 87）。校園安全與危機處理。台北：五南圖書出版公司。

郭崑謨（民 80）。企業組織與管理。台北：三民書局。

張世賢（民 78）。變遷社會的政策規劃。載於銓敘部編，行政管理論文選輯第四輯。

張有翔（民 90）。臺北市高職設置中途學校之研究。國立台北科技大學技術及職業教育研究所碩士論文。

張明敏等譯（D. Gergen 著）（民 91）。美國總統的七門課。台北：時報出版社。

張華葆（民 80）。少年犯罪預防與矯治。台北：三民書局。

黃昆輝（民 78）。教育行政學。台北：東華書局，（2 版）。

黃富源（民 85）。青少年身心適應與犯罪（偏差）行為。載於行政院青年輔導委員會編，跨世紀的青少年問題與對策。

黃麗莉、李茂興譯（民 80）。組織行為。台北：揚智文化事業股份有限公司。

曹逢甫（民 88）。台灣語言的歷史及其目前的狀況與地位。漢學研究，17（2）。

楊政冠（民 87）。環境教育。台北：明文書局。

詹中原（民 93）。危機管理。台北：聯經出版事業股份有限公司。

趙其文（民 77）。談機關首長的用人觀念。載於銓敘部主編，行政管理論文選輯第三輯。

廖義男（民 79）。論行政計畫之確定程序。載於國立台灣大學法律

研究所著，行政程序法之研究。

劉真如譯（民 93）。資本家的冒險－－ 量子基金創辦人的全球趨
勢前瞻。台北：商周出版社。

賴維堯（民 81）。我國中央機關高級文官（司處長）政策制定行為
與態度之研究。國立政治大學政治研究所博士論文。

謝文全（民 77）。教育行政－－ 理論與實務。台北：文景書局。

Abrahamsen, D.（1967）. The psychology of crime. New York：
Columbia Uni. Press（2 ed.）.

Adams, J. S.（1965）. Inequity in social exchange. in L. Berkowitz
（ed.）, Advance in experimental social psychology. New York：
Academic Press.

Bandura,A.（1977）. Aggression：a social learning analysis. Englewood
Cliffs ,N.J.： Prentice-Hall Inc..

Banghart,F.W. and Trull,A.Jr.（1973）.Educational planning.New
York：The Macmillan co..

Blau,P.M.（1964）.Exchange and power in social life. New York：
Wiley.

Bowels,S. and Gintis,H.（1977）. Schooling in capitalist America：
educational reform and the contradictions of economic life. New
York：Basic Books.

Brecher,M.（1978）. Studies in crisis behavior. N.J.：Transaction Books.

Buchanan,B.（1974）. Building organizational commitment： the
socialization of managers in work organizational. Administrative
Science Quarterly, 19.

Cohen, L.E. and Felson, M.（1979）.Social change and crime rate
trends：a routine activity approach. American Sociological Review.
vol. 44.

Coombs,W.T.（1995）. Choosing the right words： the development of

233

guidelines for the selection of appropriate crisis response strategies. Management Communication Quarterly, 8（4）.

Coombs,W.T.（1999）.Ongoing crisis communication：planning, managing, and responding. Lodon：Sage.

Crutchfidld,R.A.（1955）.Conformity and character. American Psychologist,10.

Davison,W.P.（1983）.The third-person effect in communication. Public Opinion Quartely, 47.

Dunn,W.N.（1981）.Public policy analysis：an introduction. Englewood Cliffs ,N.J.：Prentice-Hall Inc..

Dutton,J.E.（1986）.The processing of crisis and non-crisis strategic issues.Journal of Management Studies, Vol.23,No.5, September.

Emery,F.E. and Trist,E.L.（1965）.Causal texture of organizational environment. Human Relations, vol.18, February.

Emmer,E.T.（1987）. Classroom management. In M.J. Dunkin（ed.）, The international encyclopedia of teaching and teacher education. Oxford： Pegramon Press.

Fiedler, F.（1964）. A contingency model of leadership effectiveness, in L. Berkowitz（ed.）, Advances in experimental Social Psychology. New York： Academic Press.

Getzels,J.W. and Thelen,H.A.（1972）. A conceptual framework for the study of the classroom group as a social system. In A. Morrison （ed.）, The social psychology of teaching. Harmondsworth： Penguin.

Gleick, J.（1987）.Chaos：making a new science. New York： Penguin Books.

Goh, S.C.（1998）.Toward a learning organization：the strategic building blocks. Sam Advanced Management Journal, 63（2）.

Gottfredson, M.R.（1981）.On the etiology of criminal victimization. The Journal of Criminal Law and Criminology. vol. 72, no.2.

Guess,G.M. and Farnham,P.G.（1989）. Cases in public policy analysis. New York：Pitman Publishing Inc..

Halpin,A.W. and Croft,D.B.（1966）. The organizational climate of schools. in A.W. Halpin（ed.）,Theory and research in administration. New York：Macmillan.

Hermann, C.F.（1972）International crisis：insight from behavioral research. New York：The Free Press.

Herzberg,F.（1966）. Work and the nature of man. New York：The World Publishing Co.

Hihdelang, M.J. Gottfredson, M.R. and Garofalo, J.（1978）. Victims of personal crime：an empirical foundation for a theory personal victimization. Cambridge, Mass：Ballinger Publishing Co.

Holden,R.N.（1986）.Modern police management.Englewood Cliffs ,N.J.：Prentice-Hall Inc..

Holmes, T.H. and Rahe, R.H.（1997）.The social readjustment rating scale. Journal of Psychosomatic Research, 11.

Jeffery,C.R.（1971）. Crime prevention through environmental design. Calif.：Sage publication.

Jones,C.O.（1977）.An introduction to the study of public policy. Mass.：Duxbury press（2 ed.）.

Kast,F.E. and Rosenzweig,J.E.（1988）.Organization and management a systems and contingency approach. New York：McGraw-Hill book company（4 ed.）.

King, G.lll（2002）.Crisis management & team effectiveness：a closer examination. Journal of Business Ethics, 41（3）.

Knezevich,S.J.（1968）.Administration of Public education.New York：

Harper & Row publishers.

Koontz,H. and O'Donnell,C.（1972）.Principles of management. New York：McGraw-Hill.

Lerbinger, O.（1997）. The crisis manager facing risk and responsibility. New Jersey：Lawrence Erlbaum Associates.

Mandebaum,A.J.（ 1973 ）. Fundamentals of protective systems. Springfield, Illinois：Charles Thomas Publisher.

Maslow, A. H.（ 1970 ）.Motivation and personality. New York：Harper & Row Publishers（2 ed.）.

Meyer,J.W. and Rowan,B.（ 1983 ）.The structure of educational organization. In J.W. Meyer, and W.R. Scott（ed.）, Organizational environments： ritual and rationality. CA： Sage Publications.

Milburn, T.W.（1972） The Management of Crisis, in C.F. Hermann（ed.）, International crisis：insight from behavioral research. New York：The Free Press.

Mandebaum,A.J.（ 1973 ）.Fundamentals of protective systems. Springfield, Illinois：Charles Thomas Publisher.

Newman,O.（1971）.Defensible space：crime prevention through urban design. New York：Macmillan Publishing Company.

Noelle-Neumann,E.（ 1984 ）.The spiral of silence. Chicago：University of Chicago Press.

OECD.（1977）.Inter-sectoral educational planning.Paris：Organization for economic cooperation and development.

Olson,D.H.（1993）.Circumflex model of marital and family system：assessing family functions. In F. Walsh（ed.）,Normal family process. New York：The Guilford Press.

Parsons,T.（1959）. The school class as a social system：some of its functions in American society. Harvard Educational Review, 29, Fall.

Posavac,E.J.and Carey,R.G.（1980）.Program evaluation：method and case studies. Englewood Cliffs, N.J.：Prentice-Hall Inc..

Robbins,S.P.（1989）.Essentials of organizational behavior. Englewood Cliffs, N.J.：Prentice-Hall Inc..

Rogan, R.G. and Hammer, M.R.（1997）.Dynamic process of crisis negotiation：theory, research, and practice. Conn：Praeger.

Rosenthal, U.（1991）. The bureau politics of crisis Management. Public Administration, Vol.69.

Runkel,P.J.（1963）. A brief model for pupil teacher interaction. In N.L. Gage（ed.）, Handbook of research on teaching. Chicago：Rand McNally.

Sengstock,M.（1982）.Elderly victims of crime：a refinement of theory in victimology. In H.J. Schneider（ed.）,The Victim in international perspective.

Sergiovannie,T.T.and Carver,F.D.（1980）.The new school executive：A theory of administration. New York：Harper & Row publisher.

Simon,H.A.（1961）.Administrative behavior.New York：Macmillan Co..

Simon,H.A.（1993）.Decision making：rational, nonrational, irrational. Educational Administration Quarterly, vol. 29, no. 3.

Snyder,G.H. and Diesing,P.（1977）.Conflict among Nations. N.J.：Princeton University Press.

Sparks,R.F.（1981）.Multiple victimization, evidence ,theory and future research. Journal of Criminal Law and Criminology. vol.72, no.2.

Sutherland ,E. H. and Cressey, D.R.（1978）. Principles of criminology（10 ed）. Philadelphia： Lippincott.

Weick, K.E.（1988） Enacted sense making in crisis situation. Journal of Management Studies, Vol.25, No.4.

Weick, K.E.（1978）.Educational organizations as loosely coupled systems. Administrative Science Quarterly, 23, December.

國家圖書館出版品預行編目

組織病態與危機處理 / 陳東陽作. -- 一版
臺北市 ： 秀威資訊科技， 2005[民 94]
　　面； 　公分. -- 　參考書目：面
　　ISBN 978-986-7263-56-8（平裝）

　　1. 組織(管理)
　　2. 危機管理

494.2　　　　　　　　　　　　　94013972

 社會科學類　AF0025

組織病態與危機處理

作　　者 / 陳東陽
發 行 人 / 宋政坤
執行編輯 / 林秉慧
圖文排版 / 郭雅雯
封面設計 / 郭雅雯
數位轉譯 / 徐真玉　沈裕閔
圖書銷售 / 林怡君
網路服務 / 徐國晉
出版印製 / 秀威資訊科技股份有限公司
　　　　　 台北市內湖區瑞光路 583 巷 25 號 1 樓
　　　　　 電話：02-2657-9211　　傳真：02-2657-9106
　　　　　 E-mail：service@showwe.com.tw
經 銷 商 / 紅螞蟻圖書有限公司
　　　　　 台北市內湖區舊宗路二段 121 巷 28、32 號 4 樓
　　　　　 電話：02-2795-3656　　傳真：02-2795-4100
　　　　　 http://www.e-redant.com

2006 年 7 月 BOD 再刷
定價：290 元

讀　者　回　函　卡

感謝您購買本書，為提升服務品質，煩請填寫以下問卷，收到您的寶貴意見後，我們會仔細收藏記錄並回贈紀念品，謝謝！

1. 您購買的書名：_____

2. 您從何得知本書的消息？

　　□網路書店　　□部落格　　□資料庫搜尋　　□書訊　　□電子報　　□書店

　　□平面媒體　　□ 朋友推薦　　□網站推薦 □其他_____

3. 您對本書的評價：(請填代號　1.非常滿意 2.滿意 3.尚可 4.再改進)

　　封面設計_____　版面編排_____　　內容_____　　文/譯筆_____　　價格_____

4. 讀完書後您覺得：

　　□很有收獲　　□有收獲　　□收獲不多　　□沒收獲

5. 您會推薦本書給朋友嗎？

　　□會　　□不會，為什麼？_____

6. 其他寶貴的意見：_____

　　_____

　　_____

　　_____

讀者基本資料

姓名：_____　年齡：_____　性別：□女 □男

聯絡電話：_____　E-mail：_____

地址：_____

學歷：□高中(含)以下　　□高中　　□專科學校　　□大學

　　　□研究所(含)以上 □其他_____

職業：□製造業 □金融業 □資訊業 □軍警 □傳播業 □自由業

　　　□服務業 □公務員 □教職　□學生 □其他_____

To：114

台北市內湖區瑞光路 583 巷 25 號 1 樓

秀威資訊科技股份有限公司　　　收

寄件人姓名：

寄件人地址：□□□

(請沿線對摺寄回,謝謝!)

秀威與 BOD

BOD（Books On Demand）是數位出版的大趨勢，秀威資訊率先運用 POD 數位印刷設備來生產書籍，並提供作者全程數位出版服務，致使書籍產銷零庫存，知識傳承不絕版，目前已開闢以下書系：

一、BOD 學術著作—專業論述的閱讀延伸
二、BOD 個人著作—分享生命的心路歷程
三、BOD 旅遊著作—個人深度旅遊文學創作
四、BOD 大陸學者—大陸專業學者學術出版
五、POD 獨家經銷—數位產製的代發行書籍

BOD 秀威網路書店：www.showwe.com.tw
政府出版品網路書店：www.govbooks.com.tw

　　永不絕版的故事‧自己寫‧永不休止的音符‧自己唱